彭程的优美人生

面包宝典

• 彭 程　主编

**Bread
Book**

中国轻工业出版社

图书在版编目（CIP）数据

面包宝典 / 彭程主编. —北京：中国轻工业出版
社，2024.4
ISBN 978-7-5184-4364-2

Ⅰ.① 面… Ⅱ.① 彭… Ⅲ.① 面包—烘焙 Ⅳ.
① TS213.21

中国国家版本馆 CIP 数据核字（2023）第068376号

责任编辑：王晓琛　　责任终审：高惠京　　封面设计：伍毓泉
版式设计：锋尚设计　　责任校对：晋　洁　　责任监印：张　可

出版发行：中国轻工业出版社（北京鲁谷东街5号，邮编：100040）
印　　刷：鸿博昊天科技有限公司
经　　销：各地新华书店
版　　次：2024年4月第1版第2次印刷
开　　本：787×1092　1/16　印张：19
字　　数：500千字
书　　号：ISBN 978-7-5184-4364-2　定价：198.00元
邮购电话：010-85119873
发行电话：010-85119832　010-85119912
网　　址：http://www.chlip.com.cn
Email：club@chlip.com.cn

编委会

主 编

彭 程

编 委

杨雄森　韩 宇　朱海涛

长安开元教育集团研发中心

推荐序一

　　彭程是一位专注与努力并存，智慧与美丽集一身的烘焙师，是我们国内法式烘焙女性的代表；她较早将法国先进的烘焙制作理念带入中国，为国内培养了大量的技能人才，目前在行业中经常能见到彭程老师培养的学生，可谓桃李满天下！

　　见到《面包宝典》初稿，激动人心，这是彭程团队一起努力结出的硕果。这本书基础知识全面，内容新颖丰富，阐述详尽，涵盖了国家西式面点师教材中关于硬欧类、起酥类、吐司类、软欧类、调理类等面包大类的内容。

　　这本书充分体现了面包技法的精华，只需按照步骤操作即可轻松掌握，款款有新意，颜值高，图片清晰逼真，在制作技术运用上有深入的研究说明，是目前这么多专业书籍中不可多得的一本面包制作教材！

轻工大国工匠

干文华

推荐序二

当收到为彭程新书作序的邀请时，一份荣耀感不禁自心底涌起。

我和彭程相识至今已有十多年，我们一起经历了诸多精彩的冒险。对美食的热爱——尤其是对好看又好吃的面包的热爱——把我们联系在一起。

对于这段共同的经历，我想突出几个关键词：

"热爱"。这对于做面包来说是必不可少的，而彭程总是给人温暖、舒服、热情的感觉。

"好看"。在面包的造型方面，正是由于彭程的支持，我接受了一个又一个挑战，这些年来技术一直在进步。

最后，当然还有"好吃"。作为一个传播法式面包的"大使"，我总是希望达到彭程对我的期望，因而不断挑战美味的高峰。

希望我和彭程的友谊一直延续下去；希望我们在一起享受美食的时刻还能有更多收获；希望这本书能够大卖，不负她对法式美食所投入的心血。因为有彭程，法式西点得以在中国更闪耀！

献上我诚挚的友谊。

法国"PAUL保罗面包"研发总监

西里·维尼亚（Cyril Veniat）

自序

认识我的人，也许都听过这样一个故事：多年前有位小女生曾经对话法国西点学校面试官，立志要把法式烘焙带到中国，让中国人都吃到纯正健康的法式烘焙产品。直至今日，历经种种，我才明白那时的我，多么年少轻狂。

然而多年过去，我依旧在心中强烈地思考、琢磨这句话，为了这个梦想，我竟一直从未放弃！没错，我是一个执拗的人。

当然，我同样认为，在这个浮躁的社会里，只有既纯粹又有远见卓识的人才能真正地做好专业技术，彭程西式餐饮学校的诞生也萌发于我的这份执拗。一直以来，我为学校选培每一个老师的标准只有一个：足以成为每一位热爱烘焙的学生信服的职业榜样。我和我的技术团队尊重传统，追求创新，立志赋予古老传统的法式烘焙最前沿的解读，在经典配方的构成元素里注入无限的新意。

如今，彭程西式餐饮学校作为享誉国际的法式烘焙培训机构之一，不断创新提速，我们创立了中国最早的、完善的法式烘焙教学系统，助力近两万名烘焙爱好者走向职业道路。与此同时，也开创了一大批不会随着时间推移而轻易被淘汰的经典配方，而这些配方，也成为今天这本书得以出版的基础。

2020年，彭程西式餐饮学校正式加入长安开元教育集团，在集团的支持下，成立了彭程烘焙研发中心，我有幸带着一批优秀的年轻烘焙人全身心投入技术淬炼和研发创新中，这也成为这本书得以出版的又一保障。

在传统的认知里，烹饪的目的就是制作食物。在我看来，这并非唯一的目的，能让每一位对烘焙感兴趣的人创作出令人惊叹的、无法解释的、为之动容的全新世界，才是烹饪的宗旨所在。那些普通的面粉、鸡蛋、奶油等基本食材，通过我们日复一日简单枯燥的练习而积累的感觉、专注力、想象力以及对食物的爱，去改变它们的基本状态后，幻化出个新的生命力，变成被人欣赏的美食艺术，这本身不就是一种令人惊叹的美好吗？

我为能从事烘焙师这样美好的职业而倍感骄傲，为能成为美食艺术的传播者和分享者而感到自豪。非常庆幸能够与这么多追求卓越、享受将食材和料理技术融合的烘焙师们一起推动这本书的出版！

彭程简介

中华人民共和国第一届职业技能大赛·裁判员

第二十三届全国焙烤职业技能竞赛上海赛·裁判长

长沙市第一届职业技能大赛·裁判长

广西壮族自治区第二届职业技能大赛·裁判长

世界巧克力大师赛巴黎决赛·裁判员

FHC国际甜品烘焙大赛·裁判员

国家职业焙烤技能竞赛·裁判员

第五届西点亚洲杯中国选拔赛·裁判员

国家糕点、烘焙工·一级/高级技师

国家职业技能等级能力评价·质量督导员

法国CAP职业西点师

彭程西式餐饮学校创始人

长安开元教育集团研发总监

法国米其林餐厅·西点师

中欧国际工商学院EMBA硕士

目录

基础知识

面团及面种制作

日式面包及布里欧修面包系列

特色吐司系列

软欧面包系列

花式丹麦系列

传统法式系列

装饰面包和节日面包

基础知识

制作面包的四大基础原材料

• 面粉

面粉的来源

做面包时所用到的面粉，主要来源于小麦。在小麦的组成部分中，麦麸约占13%，其主要成分是蛋白质和灰分等；胚乳约占85%，含有一定量的淀粉和蛋白质；胚芽约占2%，富含维生素B_1和维生素E。通常，小麦面粉在加工过程中会去除麦麸和胚芽，只保留富含面筋蛋白的胚乳，这样粉质会更加细腻，但是会影响面粉的麦香味与营养价值。除此之外，还有两类特殊面粉——全麦粉和黑麦粉。

全麦粉和黑麦粉的特点

全麦粉由整粒小麦研磨而成，它包括麦麸、胚乳和胚芽三个部分，所以虽然比质地粗糙、颜色较深，但富含营养和膳食纤维，香味也更浓郁。由于全麦粉比较粗糙，所以在搅打时面团的面筋组织会被粗糙的颗粒切断，无法保留气体，就会使面团没有膨胀力，所以一般全麦粉在使用时会混合普通面粉一起制作面包，普通面粉的添加比例在10%~80%。

黑麦粉由专门种植的黑麦种子制作而成，它最大的特点就是几乎没有筋度、吸水性强、非常粘手，如果是用纯黑麦粉做的黑麦面包，成品的味道会偏酸，同时口感会很扎实。所以纯黑麦面包在中国并不流行，现在市面上常见的黑麦面包的黑麦粉含量通常在面粉总量的20%~40%。

面粉的分类方式

在对面粉进行分类时，主要以蛋白质和灰分这两个存在于面粉当中的物质来进行探讨。

以面粉中的蛋白质含量区分

一整颗小麦在剔除了麦麸和胚芽之后，剩下的胚乳就是小麦占比最大的部位，胚乳是在小麦结构当中蛋白质含量最多的一个部位。蛋白质是面包在操作过程中产生多种物理现象的关键，因为有一些蛋白质会跟水结合，比如面粉中含有麦谷蛋白和麦醇溶蛋白，这两种蛋白质在和水结合之后会产生弹性和黏性，便会形成平时所看到的面筋。因此面团在发酵时，可以先令它膨发，之后再给它排气，让面团在经过擀长、搓长的整形过程之后，利用这种聚合的能力，又重新产生出可以膨胀的效果。所以面粉的蛋白质含量越高，面粉筋度也会越高，面团的吸水性就越好，需要搅拌的时间也就越长。但是如果面团的面筋太强，面团在发酵时面筋就会容易发生断裂，导致面团膨胀不起来；相反，如果面团的面筋太弱，面团就会容易发生塌陷。

我们制作面包时经常会用到手粉，而手粉会影响面包的口感，所以使用手粉的原则是越少越好。因为高筋面粉的颗粒比较大，不容易粘黏，所以通常使用高筋面粉作为手粉；而低筋面粉容易结块，不适合做手粉。

用蛋白质的含量作为划分面粉的标准，根据蛋白质含量的多少可区分出高筋、中筋、低筋这三种不同筋度的面粉，但不同面粉厂其分类定义不同，在数字上可能会有些许误差。通常用到的高筋面粉蛋白质含量在11.5%以上，低筋面粉大部分在9.5%以下，而蛋白质含量在9.5%~11.5%的这些面粉，便统称为中筋面粉。当然这个数值并不绝对，不同的分类机构可能会有些许浮动，不过大致上都会在9.5%~11.5%来做区分。

以面粉中的灰分含量（矿物质）区分

面粉中的灰分是指小麦中比较靠近皮层部分的、平时不常被接触到的矿物质。对于灰分，通常也会用百分比来表示。平时面粉包装袋上显示面粉中存在矿物质的百分比就是所谓的面粉灰分含量。如果面粉中的灰分含量越高，利用这种面粉做出的面包，其麦香味就会越浓郁。

欧系面粉分类当中，主要就是以面粉中矿物质含量的多少来作为区分标准的，通常会用"T"加数字来表示。以法国产的面粉为例，有T45、T55、T65这三种平时比较常见的面粉，其中"T"代表面粉的型号（type）；"T"后面的数值是为了区分面粉中的矿物质含量。比如，T45通常表示面粉中矿物质含量在0.5%以下，T65表示面粉中矿物质含量在0.6%以上，而矿物质含量在0.5%~0.6%的面粉就被统称为T55面粉。灰分是小麦中所含的矿物质，同时也决定了小麦风味的丰富程度，所以面粉中灰分的含量越高，矿物质含量就越多，面粉的颜色就越深。同样，不同商家出品的面粉，可能有时灰分含量是一样的，但对于面粉中的蛋白质含量设定也会不一样，因此，在使用面粉前要先确认好面粉的具体蛋白质含量是多少，再去调整水分含量，否则面团的状态就很难掌控好。另外有些面粉的外包装上会写有T80、T130、T150等。当型号的数字超过100时，就得先看包装袋上写的是小麦面粉还是裸麦面粉了，因为小麦面粉所含有的灰分并不像裸麦面粉那么高，如果数字超过150时，那这个面粉肯定就是裸麦面粉了。

面粉在面包中的作用

面粉中的主要成分是淀粉和蛋白质

面粉中淀粉的含量通常在72%~80%，淀粉在经过高温加热后会产生溶胀、分裂形成均匀糊状，这种现象被称为淀粉的糊化。在发酵面团中，面粉中的淀粉在淀粉酶的分解作用下会转化成不同的糖分，可为面团中的酵母菌发酵持续提供养分，从而提高面团最终发酵时酵母菌的活性。在相同的温度环境下，面粉的淀粉被分解得越多，发酵时为酵母提供的营养成分就越多，那么面团在醒发时所产生的气体就越多，最终烘烤出来的面包体积就越大。面团在焙烤过程中，淀粉的作用也很重要，当面团的中心温度达到54℃左右时，酵母菌会使面团中的淀粉酶加速分解，使面团变软，同时淀粉吸水糊化，与网状面筋相结合，形成面包焙烤完成后的内部组织。

面粉中的蛋白质主要有麦醇溶蛋白、麦谷蛋白和球蛋白等，其中麦醇溶蛋白和麦谷蛋白约占蛋白质总量的80%，是面粉中形成面筋的主要成分。

麦醇溶蛋白和麦谷蛋白在吸水后，会产生弹性和黏性，形成的软胶状物就是面团搅拌时所拉扯看到的面筋。面筋具有良好的弹性、延伸性、韧性和可塑性。面筋的形成在面包制作工艺中具有重要意义。在搅拌面团时，由于蛋白质吸水形成面筋，可以让使面团吸收更多的水分，从而让面团更加柔软，具有弹性和延伸性。在面团基础发酵时，面筋会形成一层网状结构，在酵母菌发酵吐出二氧化碳气体时，可以包裹住气体，不让气体外溢出来。经过酵母不断地产气，从而使面团达到膨胀变大的效果。在烘烤的过程中，由于面筋的网状结构和淀粉经过加热糊化后的填充，面粉在面包中起着"支架"的作用，在烘烤过程中，能使面坯内部形成稳定的组织结构。

面粉是形成面包组织结构的主体材料

面粉中的麦醇溶蛋白和麦谷蛋白与水融合后，再经过搅拌会渐渐聚集起来形成面筋，在最终烘烤时起到支撑面包组织的骨架作用；同时，面粉中的淀粉吸水经过加热后会膨胀，并在烘烤时经过加热从而糊化，然后固定成形。

面粉中面筋的强弱，影响面包组织的细腻程度

面粉的面筋越弱，则面团的膨胀力就越差，成品的组织越粗糙，面包不够柔软细腻；面粉的面筋越强，则面团的膨胀力越好，成品的组织才会膨松柔软，因此制作面包时常以高筋面粉为主。

面粉可提供酵母发酵所需的能量

在一些烘焙配方中，糖含量偏少或者不含糖，此时面团在发酵时所需要的能量大部由面粉提供。因为面粉中含有的淀粉在淀粉酶的分解作用下，会被分解成葡萄糖，从而给酵母菌提供营养，提高发酵活性。

• 酵母

酵母的分类

现在市面上的酵母一般会分为两大类：一类是野生酵母，一类是商业酵母。

野生酵母

在我们的自然界中，酵母菌是广泛分布的，它们喜欢附着在各种含有糖类的果实上面。因此我们常常会用葡萄干、苹果、草莓等来培养酵母菌，这样依靠人工培养出来的酵母菌就属于野生酵母，也可称为天然酵母。

商业酵母

商业酵母是指用利用工业化的方法大量培养出来，买回来后不需要再去培养就可以直接使用的酵母，非常方便。

现在市面上最常见的商业酵母主要有三类：新鲜酵母、半干酵母和即溶干酵母。

新鲜酵母属于复合式酵母菌，它在制作时将酵母的菌株提出，然后在菌株培养液里大量繁殖，之后使用过滤的方法把水分抽离出来，让溶液变得相对浓缩之后就可以使用了。

由于新鲜酵母的含水量相对较高，所以没开封时，它的保存期限在45天左右；开封后，新鲜酵母接触到了杂菌，它的保存期就会大大缩短至2周以内，如果超过2周，酵母很可能会发霉，从而失去活性。同时，新鲜酵母需要放在冷藏的环境下保存。因为其含水量高，我们在使用时，它可以很容易地溶解在面团中，所以完全不需要事先做任何处理，直接把它放到面团里搅拌即可。

新鲜酵母的活性和产气性也是几种商业酵母里最高的。而且相对于即溶干酵母来说，新鲜酵母会具有更加耐冻的特点，因为新鲜酵母的菌种更多，因此在做可颂这类产品和冷冻面团时，当面团需要放入冰箱冷冻变硬时，就需要尽可能地用新鲜酵母来制作。它和干酵母的换算比例是3：1。

半干酵母是在脱水时保留一定水分的酵母，它同时具有鲜酵母和干酵母的特点。但由于它平时是在冷冻环境下保存的，酵母处于休眠状态，此时活性较低，所以它在使用时必须提前20～30分钟与水进行融合，一直到酵母在水里开始活化、产气，等冒泡之后才能使用，所以效率非常低，因此我们很少使用。它和干酵母的换算比例是1.5：1。

即溶干酵母是指酵母培养液里的酵母在大量繁殖后，用喷雾干燥的方式制作出

的酵母颗粒。在喷雾干燥的过程中，酵母颗粒外层会形成一个薄薄的硬壳，硬壳是由部分酵母菌的尸体所构成的，这样的硬壳碰到水后会很快溶解。我们在使用时，即使不把它事先泡水溶化，也可以直接把它加进面团里面搅拌，因为面团本身的湿度就足以使即溶干酵母溶解。

即溶干酵母还有一个好处就是便于保存，因为这种酵母是处在休眠状态的，所以常温保存的期限可以长达一年。如果将它放在冰箱里冷藏，并且严格密封保存，它的保质期很可能会超过一年。因操作容易、保质期长，因此即溶干酵母在20世纪70年代左右被研发出来后就迅速普及。

即溶干酵母又区分为两种：一种是高糖酵母，一种是低糖酵母。这里的高糖、低糖不是指酵母中的糖，而是指面团的含糖量。一般我们都用配方中砂糖含量5%来区分面团是属于什么面团，当面团的含糖量超过5%时就属于高糖面团，低于5%时就属于低糖面团。

高糖酵母和低糖酵母是两种不同属性的酵母菌，除了来源于不同菌种类型之外，重点还在于它们吃的养分不同。酵母的食物是糖，糖又分为很多种。一般绝大部分酵母吃的糖是葡萄糖，另有一部分酵母吃的糖是蔗糖或乳糖。不同的养分来源让即溶干酵母有了高糖和低糖的区分。通常低糖酵母适合添加在没什么糖量的面团当中，它们大部分吃葡萄糖，葡萄糖就是面粉中的淀粉被分解之后转化而来的。高糖酵母可以吃我们往面团中添加的砂糖所含的蔗糖，所以在使用时一定要先区分好。

另外，在高糖量的面团环境中，当大量的糖和面团里的水相遇后，会形成高浓度的糖水。浓度高的糖水会伴随一种物理现象，即"渗透压"，"渗透压"的效果对于酵母菌来说也会有影响。一般来说，

当酵母菌被放到高糖浓度的溶液中时，因为"渗透压"的作用，酵母菌细胞体内的一些水分包括很多其他物质都会被周围的高浓度溶液压榨、渗透出来，会直接造成酵母细胞的死亡。所以，如果低糖酵母这种适合低糖环境的酵母被放到高糖量的面团环境中时，这些酵母菌通常没有办法耐"渗透压"，就会在这样的环境中大量死亡，发酵的状况就不容乐观。因此，在使用时，千万不能将"高糖酵母"和"低糖酵母"搞错。如果把低糖酵母错放到高糖面团里，面团在最后发酵的时候没有力量，会发酵不起来，面包的整个产气效果会变得很差。当我们把面包组织剖开看时，会发现气泡不理想，口感也不够膨松。

酵母在不同温度环境下的存活状态

0℃以下

在冷冻的环境下，酵母菌处于一种休眠状态。所以平时做冷冻面团时，如果不希望面团有发酵的情况，就可以放到冰箱里冷冻保存。但需要注意的是，面团在冷冻的过程中，都会经历一个冰晶期（约-4℃），在这个阶段，面团中酵母菌细胞内的水由液态变成固态，会使细胞壁因此破裂，导致部分酵母菌死亡。所以我们在做冷冻面团时最好选用冷冻面团专用酵母或增加酵母用量。

2~7℃

这个温度是常规冷藏冰箱的温度。在这个温度下，酵母发酵是比较缓慢的，没有太明显的产气或膨胀。当面团内外平均温度达到4℃时，面团的膨胀就会停止。不过，面团还会持续产生有机酸，所以面团在冷藏时不会无限膨胀，但味道还是会越来越酸。

16~18℃

这个温度区间可以视为判断酵母发酵作用是否明显的过渡层。高于这个温度，酵母会开始有肉眼可观察到的明显变化，即产生气泡和膨胀。所以在判断隔夜冷藏发酵的面团能否操作时，都会以这个温度作为标准。许多冷藏醒发箱的回温机制也是以16℃来作为控制标准的。

26~28℃

这个温度区间是酵母最适合生长的温度。因为在这个环境中，酵母的繁殖力最旺盛，所以这个温度也是大多数面团基础发酵所要求的温度。

30~38℃

这是酵母菌产气量最大的温度区间，也是一般甜面包和吐司面包最后醒发的温度。在这个温度区间，酵母菌的新陈代谢达到最有效率的状态，面团可以创造出良好的气孔以达到松软口感，并形成浓郁的发酵风味。其中，在38℃时，酵母产气量是最大的，但一般我们都不会用这么高的温度去进行醒发。因为38℃时，会导致面团表皮部分温度过高，产生过多太大的气孔，而面团中心温度无法同时均匀达到38℃，这样就会导致面包组织粗糙、气孔不一致，甚至面包表面坍塌。因此，我们大多数是以低于35℃的温度（32~35℃）来进行最终醒发，以求达到产气效率、速度、组织均匀度三方之间的平衡。

45℃

当温度达到45℃之后，酵母菌会因为温度过高而开始死亡，活性越来越低。

60℃

当温度到达60℃之后，酵母菌会被热死，从而失去活性，停止一切生长。

• 盐

盐的分类

精盐

利用离子交换膜电透析的方法来剔除海水里的杂质，最后会得到氯化钠。精盐的氯化钠含量高达99.9%，这种也是我们平常吃的食用盐。

海盐

海盐是最早的食用盐，它的来源是海水。把海水引到陆地之后，经过盐田的不同区块和日照日晒，随着水分的蒸发，海水的浓度越来越高，当海水浓度高到一定程度之后，它就会开始结晶，这个固态的结晶就是海盐。海盐的氯化钠含量偏低，在85%~92%。

岩盐

岩盐的来源是盐矿，它属于地表下的盐层。古代的盐湖干涸之后，经过地壳变动挤压，结晶的盐湖沉积在地表之下，接着它会经历不断的地壳变动，然后挤压形成山，或者直接被埋在地下。正因如此，盐矿和许多不同矿物质在地层中结合，使得这种盐有矿物质含量比较高的特点。同时因为它被挤压在地层里面，会接触到很多石头，就会产生不同的颜色，最常见的有黑色和粉红色，比如粉红玫瑰岩盐。岩盐的氯化钠含量在95%左右，比海盐高一些，食用时其咸度比较明显。因为岩盐的矿物质含量高，加到面团中后，能使面筋的结构更为强韧，让膨胀变得更有力量、更有弹性。

如何合理运用三种盐

精盐

它最大的特色就是咸味非常明显，因

为其氯化钠含量高达99.9%，所以它的唯一特色就是咸。它在味道和香气上没有什么太大的亮点，所以现在我们使用精盐制作面包时，最好的理由大概就是价格便宜。而且因为其咸度较高，故添加量又可以相对再少一点，所以现在很多面包店使用的盐以精盐为主。

海盐

它的味道和香味比较丰富，所以它的价格也会比其他两种更贵。比如盐之花，建议大家还是直接吃比较好，比如我们在煎牛排时，最后在牛排上就可以撒盐之花。但如果用盐之花来搅拌面团，和一般的海盐相比，并无法通过味道直接分辨出来，所以如果将海盐用来搅打面团，性价比并不高。

岩盐

岩盐的氯化钠含量介于精盐与海盐之间，所以如果想要风味比较好，同时价格又比较适中，就可以选择用岩盐来制作面包了。

盐对面包的作用与影响

产生风味

在面团中添加适量的盐可让面包产生淡淡的咸味，再与砂糖的甜味相辅相成，增加面包的风味。

抑制细菌的生长

添加盐可以让面团比较耐放，因为酵母和野生的细菌对于盐的抵抗力普遍都很微弱；盐在面包中所引起的渗透压，可延迟细菌的生长，并影响酵母菌的生长。比如有些配方中添加鸡蛋做成的中种，通常会发酵一个晚上。这种搭配鸡蛋发酵的中种，我们通常都会在里面加一些盐，目的就是抑制因为加了蛋而容易产生的各种杂菌。尤其是这种长时间发酵的种面，在发酵的过程当中，鸡蛋很容易在高温的情况下发生变质，从而滋生细菌。这时候，添加盐的抑菌效果会非常明显。

增强面筋

盐里的矿物质对面团的影响主要是增强面筋，以及协助面团形成健全的网状结构。因为盐里面有钙，钙会增加水质的硬度；盐里面也有镁，镁会直接让面筋紧缩，让面团变得更紧实。所以我们在操作面团时，如果忘了加盐，通常面团摸起来会比较湿黏，感觉没有什么弹性，在发酵的过程当中，面团也比较容易崩裂，就是因为缺乏了盐里的矿物质。

有助于面筋的稳定

盐能改变面筋的物理性质，增加其吸收水分的性能，使其膨胀而不致断裂，起到调理和稳定面筋的作用，还能增强面筋强度，使面包筋度得到改善。

盐影响面筋的性质，主要是使其质地变密而增加弹力。筋度稍弱的面粉可使用比较多量的盐，强筋度的面粉宜用比较少量的盐。

调节面团的发酵速度

因为食盐有"渗透压"作用，所以在面团中能抑制酵母发酵，故盐的添加量也会影响到面团发酵的时间。完全没有加盐的面团，其发酵速度较快，但是面团内部的发酵情况却极不稳定。尤其在天气炎热时，很难控制面团正常的发酵时间，容易造成面团发酵过度的情况，从而导致面团味道偏酸，烘烤出来的面包口感比较粗糙且容易掉渣，同时老化速度较快。因此，盐可以说是一种有"稳定发酵"作用的材料。

改善面包的色泽

在搅拌面团时，可通过添加适量的盐，

形成适当的面筋，可使面团内部产生比较细密的组织，能使面团在烘烤时受热充气膨胀，气泡膜更加薄，使光线更好地透进去，这样面包内部组织的色泽较为轻白。

· 水

软水和硬水的区分

制作面包时，在水的使用上，特别需要注意水的硬度。水的硬度，即水中钙离子和镁离子的含量，可换算成相对应的碳酸钙含量，并用ppm来表示。1ppm代表水中碳酸钙含量为1mg/L。水的硬度大致分为四大类：软水，水中碳酸钙含量为0～75mg/L；中等硬水，水中碳酸钙含量为75～150mg/L；硬水，水中碳酸钙含量为150～300mg/L；极硬水，水中碳酸钙含量大于300mg/L。中等硬水是最适合做面包的。

如果用软水做面包，面团就会变得很软、很粘手，面筋也会变弱，面团烘烤时的膨胀力不够；同时烘烤完成后的面包体积会比较小，组织气孔偏密；口感粘牙，没有膨松感。如果出现这种情况，在搅拌面团时可以适当增加盐的用量，增强面团的面筋，提高膨胀力。

反之，如果用硬水搅拌面团，面团的状态就会偏硬，面团搅拌时面筋容易断裂，同时面团基础发酵比较缓慢，烘烤出来的成品口感偏干，成品老化也会比较快。如果出现这种情况，在搅拌面团时就可以适当增加酵母用量，或者增加用水量来改善面团的软硬度。

这就解释了很多人在操作时常遇到的问题：明明配方相同，面粉和做法都一样，可在不同地方做出的面团状态却不相同。在平时生活中，我们也可以用一些简单的方法来测试当地水的硬度，即取一杯热水，把肥皂切碎投入其中搅拌，若肥皂

能完全溶解，冷却后成为一种半透明液体（肥皂较多则成冻），即为软水；若冷却后水面有一层未溶解的白沫则为硬水，白沫越多，水的硬度越大。

水的pH

在制作面包时用的水，选择弱酸性（pH为5.2～5.6）的水较好，不建议使用碱性过强或酸性过强的水。因为水的pH会影响面包酵母的活性、乳酸菌的作用和面筋的物理性状。

当水的酸性过强时，面团的面筋被溶解，面团易断裂，面筋弱，膨胀力不好。

当水的碱性过强时，酵母的活性就会受损，面筋的氧化作用受到阻碍。面团发酵时间就被延长，这时可通过添加少量醋来改善。

水的用量对面团的影响

面团中添加水分的多少会影响面团最终搅拌后的软硬度。若水分较少，会使面团的搅拌时间缩短，面粉的颗粒无法充分与水融合，从而导致面筋延展性不够，在面团筋膜扩展刚开始时，就容易使面筋搅断，无法再让面筋充分地扩展，最终做出来的面包就容易口感偏干、老化速度快、保质期短。相反，若水分过多，则会延长面团的搅拌时间，一旦达到卷起阶段，再搅拌就很容易造成面筋搅拌过度，所以这时要特别小心。

另外，由于蛋白质含量不同，面粉的吸水量也会不一样，从而影响水分的添加。在使用牛奶和鸡蛋时，要减少水的用量，因为牛奶和鸡蛋中含有一部分水。水分较多的面团，其状态更加柔软湿黏，面筋较弱，所以在操作时，需要使用更多的手粉去辅助操作。同时，面团在发酵时，也需要多次进行翻面，以增强面团筋度。

水在面团中的作用

水化作用

水在和面粉中的麦醇溶蛋白、麦谷蛋白相结合后，经过充分吸水形成面筋，同时也能使面粉中的淀粉吸水经过加热糊化后，形成面团烘烤后的内部组织结构。

溶解作用

水能溶解面团中添加的盐、糖和酵母等干性辅料；在搅拌时利于面筋的形成；同时在发酵时能够促进蛋白酶和淀粉酶对蛋白质和淀粉的分解；让各种材料能够得到充分的溶解混合，更加有助于搅拌成均质的面团。

控制面团温度

水的温度对于面团的基础发酵有着很大的影响，在搅拌面团时，可以通过调节水的温度（冰水或温水）使面团达到理想的温度，为酵母菌的繁殖生长提供适宜的环境。

控制面团的软硬度

在搅拌面团时，可通过调节水量来控制面团的软硬度，从而使面团达到最佳的柔软度，让成品的口感更加湿润。

延长保质期

水分有助于保持面包的柔软性，减缓因水分流失而导致面包发干发硬，通过控制水分含量可减缓面包老化速度。面团中的水分添加越多，越有助于保持面包的柔软性，减缓因水分流失而导致面包发干、发硬，所以可以通过控制面团的水分含量减缓面包老化速度，延长保存时间。

制作面包的辅料

· 蛋类

蛋在面包中的作用

提高面包的营养价值，改善面包的风味

大部分鸡蛋里含有丰富的蛋白质、脂肪和多种维生素，所以加入鸡蛋的面团，最终烘烤出来的面包成品通常会伴有浓郁的蛋香味，也能够改善面包的组织结构、增加面包的营养和口味。

天然乳化剂

因为蛋黄中含有卵磷脂，所以蛋黄是生活中常见的天然乳化剂，加到面团里能够使水和油脂充分地混合，利于面筋的形成，使得面团变得光滑，也能够令面包的成品内部组织细腻、柔软。

上色作用

因为蛋黄中含有胡萝卜素，所以在面包烘烤前刷一层蛋黄液可以令面包变得更加好看，这样烤出来的面包才不会是白色

的，能使面包表面拥有诱人的金黄色。不过，做白面包或白吐司时不需要这个操作步骤。

起泡性

面团内加入鸡蛋后，在搅拌时，蛋清与拌入的空气形成气泡，并融合面粉、砂糖等其他原料固化成薄膜，这样在发酵时可以增加面团的膨胀力和体积。当烘烤时，面团发酵时产生的气体受热膨胀，由于蛋白质产生变性作用而凝固，使烘烤完成后的面包内部形成气孔多的膨松状，并且让面包的口感变得具有一定弹性。

热变性

即鸡蛋中含有的蛋白质通过加热后会凝固。通常蛋白质发生性质改变的温度为58~60℃，蛋白质变性后，会形成复杂的凝固物，当经过烘烤加热后，凝固物水分蒸发后便成为凝胶。所以平时面包烘烤时，表皮涂刷的蛋液含有蛋清，经过烘烤形成这种凝胶，然后使面包表皮光亮。

蛋类在使用时的注意事项

1. 制作面包时在面团里添加鸡蛋，要注意面团发酵的时间，如果发酵时间过长，面团会由于蛋白质的性质改变而产生异味，从而影响最终成品的味道。

2. 在搅拌面团前，最好先把鸡蛋搅拌均匀，再添加进去和面团搅拌，这样能减少它们与面粉混合时，部分蛋液凝结在面粉中形成颗粒，导致面团搅拌不够光滑，从而影响成品的口感。

3. 如果需要通过额外添加配方之外的鸡蛋来增加风味时，需要特别留意的一个重要问题是，鸡蛋本身含有水分，所以配方中的水量要适量减少，水的减少量为另外添加鸡蛋分量的70%~75%。

4. 添加了鸡蛋的面团，烘烤后的体积会膨胀得比较大，所以在选用模具的大小和控制发酵的时间时，要特别注意这一点。

5. 加入了鸡蛋的面团在烘烤时是很容易上色的，所以在烘烤时要随时注意观察上色的程度，如果发现上色过度可以通过调低烘烤温度或在烘烤物上遮盖一张锡纸来解决。

6. 鸡蛋在面团中的添加量在10%~30%效果最佳，因为蛋清中所含的蛋白质会遇热而凝固，如果蛋清量增加过多，那么做出的面包成品则会比较硬。当面团中鸡蛋的添加量超过30%时，面筋之间的接合能力会变差，所以配方中全蛋的添加量最好不超30%，若要添加更多，最好选用蛋黄。

● 糖类

糖的分类

精制白砂糖

简称白砂糖，为粒状晶体，根据晶体的大小，主要有细砂糖和粗砂糖两种

细砂糖主要用甘蔗或甜菜制成。其特点是纯度高、水分含量低、杂质少。国产砂糖的蔗糖含量高于99.45%、水分含量低于0.12%，平时制作蛋糕或饼干时，使用的通常都是细砂糖，因为它更容易融入面团或面糊里。

粗砂糖属于未精制的原糖，其特点是纯度低、水分含量高、杂质多、颜色浅黄。一般用来做产品表面的装饰用或用来熬糖浆。一般粗砂糖不适合制作曲奇、蛋糕、面包等糕点，因为它不易溶解，容易残留较大的颗粒在产品里，不够细腻。

绵白糖

是一种非常绵软的白糖，晶体细小均匀，颜色洁白，质地软绵，纯度略低于细砂糖，含糖量在98%左右，水分含量低于

2%。因为绵白糖的颗粒较细，它可以作为细砂糖的替代品。

赤砂糖

粒状晶体，呈棕黄色，杂质较多，水分和还原糖含量高，颗粒较粗。

红糖

提取前的形态为黑糖，甜味中会夹杂有少许焦香味。红糖属于精制糖类，水分含量高，容易结块，颗粒粗糙，甜味舒适。因此用红糖制作的面包，通常风味较重，表面颜色深。

麦芽糖浆

主要由大麦、小麦在麦芽酶的水解作用下制得，也叫作饴糖。平时做面包常用的有麦芽糖和麦芽精。

蜂蜜

源于花粉，甜度较高，且有特殊风味。蜂蜜的保湿性高于一般糖类，可以很好地保持面团里的水分。烘烤面包时在表面刷上蜂蜜不仅可以调味，也可以加速面包表皮的上色，令面包呈现出金黄色的诱人色泽。

枫糖浆

枫树汁液提取物，微酸。枫糖浆会伴随有枫叶的清香，糖度略低于蜂蜜。

糖在面团中的作用

产生甜味

糖能令面包烘烤完成后拥有宜人的甜味。

供给酵母能量

糖是一种富有热量的甜味材料，是面团发酵时酵母菌发酵的能量来源，面团中加入的蔗糖，在发酵时会被酵母菌分泌的转化酶分解转化成葡萄糖及果糖，从而为酵母菌的持续发酵提供能量。

保持口感，延长保质期

砂糖具有很好的保湿性，加入面团中可增强面包的保湿度、抑制水分流失过快，可延缓面包老化，延长保质期。

焦糖化作用

糖类在经过高温加热后，达到其熔点以上，就会在面包表面焦化形成深褐色的色素物质，这就是我们常说的焦糖化反应和褐变反应，所以糖类能用来给面包类产品增色。

影响发酵与搅拌时间

糖类通常在面包中的添加量为4%~16%，如果面团中砂糖量超过了16%，会令渗透压增加，使面团中酵母菌细胞的水量平衡失调，导致面团发酵速度转慢。另外，砂糖也会与面团中的蛋白质争相吸水，从而影响面筋形成的速度，所以平时制作的甜面团，如果砂糖的含量达到了20%，那这样的甜面团的搅拌时间也会延长。

· 乳制品

牛奶

牛奶是广泛用于烘焙配方中的一种重要原料，它常用来取代水，因为它既提高了产品的营养价值也提高了烘焙产品的奶香味。平时常用到的牛奶品类有全脂牛奶和脱脂牛奶这两大类。

如何正确地选择牛奶

全脂牛奶和脱脂牛奶最大的不同点在于脂肪含量不一样。其中全脂牛奶含有约3.5%的脂肪，但是脱脂牛奶通常不含有脂肪或脂肪含量在1%以下。

关于要选用什么牛奶去制作面包这个问题，主要与最终产品想呈现出来的效果有关。全脂牛奶是烘焙配方中常用的牛奶，因为烘焙原材料中的所有液体原料都起着粘黏作用，甚至包括配方中添加的水。其中脂肪的作用尤为重要，它主要起到软化、保湿的作用。这也就意味着，如果面团中的脂肪含量偏低，就会导致烘焙出来的成品口感偏干。

脱脂牛奶满足了现代人追求"高蛋白、低脂肪"的营养需求。脱脂牛奶的产生，缘于人们对膳食健康的特殊需求。但是，脱脂牛奶也有不足之处。牛奶在脱脂过程中，一些有益健康的脂溶性维生素也会跟着消失，比如维生素A、维生素D、维生素E和维生素K。而缺少了维生素A、维生素D，人体对钙质的吸收就会受到影响。

牛奶在面团中的作用

增强面包的营养价值。 牛奶中含有大量的氨基酸和多种维生素等，加入到面包中后，可以提高面包的营养价值。

改善面包风味。 因为牛奶是乳制品的一种，加入到面团中，可以让面包烘烤完成后，带有明显的奶香味，同时可以让面包组织细腻、柔软、膨松而富有弹性；牛奶含有的乳糖在烘烤时经过高温加热，使面包表面产生诱人的金黄色，增加风味。

改善面包的工艺性能。 在搅拌面团时，油脂和水通常难以相融，加入少量牛奶能够充当一个媒介，较好地把油脂和水混合均匀，同时能加强面团面筋的韧性，增强面筋的延展性，使烘烤后的面包外形完整，表面更有光泽。

使面包具有较好的保水性。 因为牛奶中含有少量油脂，面团中加入牛奶，可以提高面团的油脂含量，烘烤完成后，可以包裹住面包中的水分，减缓水分的流失，使面包保持较长时间的柔软性。

改善面包表皮色泽。 牛奶中含有的乳糖在发酵时并不会被酵母菌所吸收掉，所以会保留在面团里，在经过高温烘烤后，能够使面包表皮烘烤的颜色更加金黄有光泽。

奶粉

平时常用到的奶粉有全脂奶粉和脱脂奶粉这两类。

全脂奶粉是指以新鲜牛奶为原料，经浓缩、喷雾干燥制成的粉末状食品。全脂奶粉的营养成分含量为：蛋白质25.5%，脂肪26.5%，碳水化合物37.3%。

脱脂奶粉是指以牛奶为原料，经分离脂肪、浓缩、喷雾干燥制成的粉末状食品。脱脂奶粉的营养成分含量为：蛋白质36%，脂肪1%，碳水化合物52%。

奶粉在面团中的作用

增强吸水能力和面筋强度。 奶粉的蛋白质含量比较高，加到面团中可以增强面团面筋，增加面包的体积，同时奶粉的吸水量近乎100%，当面团中加入奶粉后，面团吸水力更强劲，从而减少面团不成团的可能。

增加搅拌韧性。 奶粉可以增加面团的吸水性，提高面团的柔软度，但是要配合充分的搅拌。奶粉可以增强面筋的韧性，增加面团的搅拌韧性，让面团不会由于搅拌时间的增长而导致搅拌过度。

延长面团的发酵弹性。 面团发酵时，伴随着酵母菌不断地发酵产气，面团里的二氧化碳气体也会越多。发酵时间越长，酸度增加越大，因为奶粉里含有大量蛋白质，可缓冲酸度的增加。同时奶粉可以延长面团的发酵弹性，让面团不会由于发酵时间的增长而导致面筋减少，影响面包的品质，因此面团发酵弹性的增长更有助于面包品质的管控。

影响面包的表皮颜色。 牛奶内的主要碳水化合物为乳糖，因为乳糖在发酵时不会被酵母吸收而挥发掉，所以会保持原来的糖量。同时面团在烘烤时的颜色成因有三种：糊化作用、焦糖化作用及褐化作用。面包表皮着色主要以褐化作用为主，因为面包经过发酵后，面团中经过酵母发酵完所吸收后剩余的蔗糖并不多，因此焦糖化作用的影响较小。然后褐化作用主要是由还原糖与蛋白质经过高温烘烤时结合形成的金黄颜色，因此面团中奶粉量增加，乳糖量也会随之增加，面包的表皮颜色也会越深。

延长保存时间。面包老化的原因通常会有几点：除了面包中水分减少而引起硬化外，面包烘烤完成后内部淀粉的退化作用也是最大原因之一。加入奶粉的面包通常会具有较强的锁水性，能够延缓水分的减少，因此可以让面包保持柔软的时间更长。

芝士

芝士，又名奶酪、干酪，是一种发酵的牛奶制品，其性质与常见的酸奶有点类似，都是通过发酵过程来制作的，也都含有丰富的乳酸菌，但是芝士的浓度比酸奶更高。所以就工艺而言，芝士是发酵的牛奶；就营养而言，芝士等同于浓缩的牛奶。

炼乳

炼乳其实就是将牛奶浓缩1/3～1/2，再加入40%的蔗糖制作而成的乳制品。炼乳在加糖后再经过加热浓缩，会产生少量的类黑精，会展现出浓郁的风味和抗氧化性。所以如果想让面包更加体现乳制品风味时，可以选择添加炼乳来改善风味。

奶油

淡奶油也叫稀奶油，它是通过对全脂牛奶分离得到的。分离的过程中，牛奶中的脂肪因比重不同，质量轻的脂肪球会浮在上层成为奶油。淡奶油的脂肪含量一般在30%～36%，打发成固体状后就是烘焙中用来装饰的奶油。

植物奶油又叫人造奶油，大多数是由植物油氢化后，加入各种人工香料、防腐剂、色素及其他添加剂制成的。

与植物奶油相比，动物奶油含水分多、油脂少、易融化，打发完成后，在室温下存放的时间稍长就会变软变形，因此需要在0～5℃的环境下冷藏保存。

而植物奶油由于不含乳脂成分，熔点要比动物奶油高，因此稳定性强，所以能做出各种花式，甚至还能制作各种立体造型，并且能在室温下也能保持长时间不融化。

• 油脂

黄油

黄油是用牛奶加工制成的一种固态油脂，是把新鲜牛奶加以搅拌之后将上层的浓稠状物体滤去部分水分之后的产物。主要用作调味品，黄油从味道上区分为有盐黄油和无盐黄油。从制作工艺上区分为发酵黄油和非发酵黄油。

有盐黄油
有盐黄油的含盐量在1.5%左右，它的水分含量和无盐黄油基本上是一样的。有盐黄油通常被用来作为调味料，可以抹在面包上直接食用。

无盐黄油
无盐黄油就是不含盐分的黄油，它的水分含量和有盐黄油基本上是一样的。烘焙配方中的黄油一般默认为是无盐黄油。因为无盐黄油保持了清淡的黄油原味，所以，在烘焙中若未特别指明要用有盐黄油，那么基本上都是指无盐黄油。

发酵黄油

发酵黄油是指在制作时，加入酵母、发酵粉和乳酸菌制成的黄油。经过发酵处理后的黄油会有独特的发酵酸味，奶香味也会更加明显，质地会更加柔软，建议冷藏保存。

非发酵黄油

非发酵黄油的主要配料为巴氏消毒稀奶油和牛奶，非发酵黄油的质地比发酵黄油更加均匀细腻，气味单一。建议冷冻保存。

片状黄油

片状黄油也叫起酥黄油。它和普通黄油一样含有大量的饱和脂肪酸，且水分含量少。但它的熔点比普通黄油的熔点要高，大概在35℃左右，所以它比较适合用来制作像可颂、千层类的起酥性产品。

橄榄油

橄榄油是由新鲜的油橄榄果实直接冷榨而成的油脂。因未经加热和化学处理，保留了天然营养成分，被认为是迄今所发现的油脂中特别适合人体营养的油脂之一。在油脂的使用上，如果希望面团凸显出副材料明显的价值，那么油脂就偏向于选择味道清淡的以免喧宾夺主。例如，佛卡夏面包就是橄榄油香气四溢的；而像欧式乡村类面包、法棍等，为了凸显小麦的原始风味与口感，大部分面团里都不添加油脂。

油脂使用时的注意事项

1. 在搅拌面团时，不要把酵母和油脂放在一起接触混合。若放在一起，酵母表面会被油脂包覆，从而影响酵母菌的活性，同时也不易融入面团中。

2. 在搅拌面团时加入的黄油，最好软化至膏状来使用，这种状态最容易融入面团里，如果过硬，会很难搅拌融化，如果化成液体后再添加，则会产生油水分离。

3. 如果面团中的油脂添加量很多，面团搅拌好的温度、基础发酵时的温度和最终醒发箱的温度都需要特别注意。尽量把温度控制在比所用油脂的熔点低4~5℃的温度去发酵，否则温度过高，会使黄油融化并渗到表面，导致面团不光滑，影响面筋，也会影响后续的操作。

4. 大部分面团中黄油的添加量在3%~18%是比较合适的，如果添加更多，虽然有利于面团的软化，能提高面包的保湿性、延长保存期限，但也会造成面包气泡膜过厚、气孔粗糙，影响口感。

油脂在面团中的作用

增加面包的风味

油脂的添加可以增加面包的香味，让产品入口时不干涩，口感更加柔软。

延缓老化，增加面包的保质期

适量的油脂添加可以让面包更加柔软，能更好地延缓面团中淀粉的老化，从而可以增加面包的保质期。

提供热量和营养素

在面团中加入油脂，可以给人体提供所需的热量和油溶性维生素。

增加膨胀性

在面团中加入适量的油脂，可以让面包的膨胀性更好一些，油脂在面团搅拌时，会将空气中的小气泡带进面团内，从而使面团的体积增大，使面包更加柔软。

增加松软度

油脂在面团中也具有润滑和软化面筋韧性的作用，可以让面团在发酵中变得有更好的组织和光泽度，面包也会变得更加柔软和顺滑。

面包制作工艺流程

- ## 配料

  此步骤是制作面包的第一个流程，在搅拌前必须严格按照配方上每种材料的用量配称齐整，不能过多或缺少，否则将直接影响下一步的操作。同时也可以将一些原材料进行预先处理：比如奶粉容易结块，可以先跟面粉混合后分散在砂糖中；黄油也要提前拿出，先在室温下软化成膏状，再添加到面团里搅拌。

- ## 搅拌

  ### 搅拌的6个阶段

  #### 食材的混合
  面团从分散的材料形成整体混合物。

  #### 面粉的吸水过程
  这时候，面粉中的淀粉吸水，除了成团之外，同时也会开始产生弹性与初步形成面筋。但是，这时面筋之间的结合还是比较少的，将面团撑开时，面筋的膜还会很厚，切口处会呈现粗糙破碎的状态。

  #### 面筋的形成
  此阶段，随着面筋的结合、水合的进行，面团表面会逐渐光滑。如果这时去拉扯面团，就能感受到面团已带有伸展性和连接性，同时对伸展的抵抗力也比较强。

  #### 完成阶段
  这个阶段，也是平时大多数面团最终搅拌好时的状态。这时候，面团的表面平滑光亮且完整，表面不会再有粗糙的颗粒感，用手拉开面团薄膜时，拉开的裂口处也不会再有锯齿状纹路，面团也具有良好的弹性和延展性。

  #### 搅拌过度
  这个阶段面团表面会出现类似含水的光泽度，拉取时会发现面团产生流动性，不会再有明显的弹性，搅拌到这种程度的面团会失去膨胀的力量，烘烤时面团的膨胀性会变得很差。

  #### 面筋断裂
  到这个程度的时候，面团会开始水化，完全没有任何弹性和延展性，面团也不会有连接感。同时面团会很湿黏，面包要是搅拌到这个状态时，基本上就用不了了。

  ### 搅拌不足或搅拌过度的影响

  #### 搅拌不足
  这时候面团的面筋还没达到完全扩展的阶段，面筋形成的状态还不够，就会导致面团在操作时面筋过于紧绷，不好操作。同时面团在最终醒发时，面筋容易断裂，导致面包烘烤时无法膨胀变大、体积过小，成品内部气泡膜过厚。水分流失过快，成品保质期不长。

  #### 搅拌过度
  当搅拌时间过长时，面团就会缺乏弹性，变得软塌粘手，操作性也会变得很差。同时，烘烤时，面团的体积也会变小甚至回缩，内部的组织变得很粗糙，跟搅拌不足时的状态基本相近。

不同的搅拌方式

缓慢式

缓慢式是指搅拌时全程只用慢速来搅拌，让面筋在缓慢、长时间的搅拌下形成。这样的方式能让面筋充分扩展，且没有任何过度拍打撞击，不会造成面筋断裂。以这种方式搅拌的面团具有结构健全的面筋网络，对于炉内膨胀的烘烤弹性，持气锁水效果都比较好，且面包老化程度比较慢，面包能维持相对长时间的良好口感。但此方式唯一不好的地方，就是它的生产效率过慢，消耗的时间太长。

强迫式

强迫式是指将材料用慢速混合成团之后，很快就利用快速强力的搅拌方式，这样能有效缩短搅拌时间，让面团的弹性一下子就形成，对于需要提高生产效率的大型工厂或店家而言是不错的选择。但是面筋内的淀粉链要能完整排列，是需要时间的，如果太早使用，容易造成面筋排列不完整，使面包失去良好的组织，口感老化程度快且明显。

改良式

因为缓慢式与强迫式搅拌各有优缺点，为了提高面包品质与生产效率，改良式搅拌法便诞生。改良式是指使用一定时间的慢速搅拌，等面团形成足够的面筋时，再改用快速搅拌缩短后半段的时间，通常前半段的慢速会以不少于5分钟时间来设定。这就是综合了缓慢式与强迫式的优点，同时舍去了双方的缺点，而改良出的搅拌方法，也是现在普遍使用的方式。

• 基础发酵

搅拌完成之后的面团都会进入基础发酵阶段，也有人把这次的发酵称为一次发酵。此阶段是指还没进入到分切成小块之前的面团状态，这个阶段最重要的目标是让酵母繁殖和生长，但是由于酵母在发酵的前两个小时繁殖力并不强，所以拉长基础发酵的时间就成了创造好味道与好口感的关键。同时，酵母生长和繁殖最适应的环境温度是28℃，所以，平时我们基础发酵时所用的温度都是28℃左右，这也是大部分面包店都比较容易控制的室温。

• 分割、滚圆

当面团基础发酵完成之后，需要把整块面团根据想要的重量，分割成不同的小块，然后滚圆。

滚圆的目的：由于在分割过程当中，面团的面筋会遭到破坏，同时分割完的面团是不规则的，这时候不便于整形，所以需要先把面团滚圆，就有利于后面再去整形成各种造型了。

• 松弛

因为面团分割之后会经历滚圆的过程，当面团经历过揉搓的步骤后，面筋会再度被收紧，如果这时直接进行擀压，面团面筋很容易断裂，所以要留有足够的时间让面团内部的酵母产气软化面筋，等面团的状态恢复到比较好的延展性时，再进行下一步的整形操作。

• 整形

这个步骤主要就是用不同的手法把面团做出不同的造型，目的都是为了使产品最终呈现出好的效果，使其达到一个最完美的状态。

• 最终醒发

最终醒发又叫作二次发酵，它是面团熟成的最后阶段。

最终醒发的目的是让面团内部的酵母产生大量气体，并且维持应有的面团弹性，让面团在进炉后可以有足够的力量膨胀，产生足够的气体，形成组织创造出理想的松软口感。通常最终发酵时的温度都会维持在30~35℃，当然有些成品的种类不同，最终发酵的条件也会不一样，比如可颂、布里欧修等大量使用油脂的产品，最终发酵时的温度比所用油脂的熔点低5℃左右是最为理想的，假如黄油的熔点是32℃，那发酵箱的理想温度则为28℃。

不良成品的常见原因

最终发酵温度过高

面团在进入发酵箱进行最终发酵时，如果温度太高，面团中中部分和外侧的温度差异就很大，会让面包形成不均匀的内部组织。烘烤时表面也会容易起泡，不光滑。

相对湿度高

当最终醒发湿度过高时，由于面团温度比最终发酵环境的温度低，面团表面会有水蒸气凝结，最终造成面团过湿，会形成斑点和褶皱，也容易形成表皮大气泡，烘烤时表面上色也会不均匀。

相对湿度低

当最终醒发湿度过低时，面团表皮的水分急速蒸发，会形成表皮裂纹。这样的面团，烘烤时体积较难变大，而且容易开裂。面团表皮也会由于糖化不足，而导致上色不良，同时颜色不均、缺乏光泽。

最终发酵不足

如果将醒发不足的面团拿去烘烤，这时面筋的伸展不够充分，会导致面团体积小，同时容易引起表皮龟裂；内部组织紧密，气泡也不规则，不够膨松柔软；面包表皮的着色也较浓，色泽泛红；食用时口感扎实，也品尝不出面包的风味。

最终发酵时间过长

面包的支撑力变差，会形成腰部塌陷的现象。更严重时，面团在烘烤过程中会出现塌陷，面包体积因此变小，同时因为发酵时间过长，面团中的糖分被过度消耗，烘烤时会由于糖分不足，上色也差，内部组织粗糙，香气也不佳。

• 烤前装饰

当面团最终醒发完成后，便可进行烤前的装饰，例如：在表面涂刷蛋液，或通过粘谷物、筛面粉等方式给面包装饰上不同的图案。同时也会在一些面团表面进行划刀，也是为了让烘烤后的成品更加好看。

• 烘烤

烘烤时，根据面包的品类和面团的大小，选择的烤箱、温度和时间都会不一样。但最终烘烤完成之后的产品中心温度必须要达到95℃以上，因为只有在95℃以上，面团里的淀粉才会完全糊化。

烘烤不当造成的影响

温度过高

此时面包的体积会因为温度过高，烘烤时快速定形，体积比较小，同时虽然面包表皮的颜色会比较浓郁，但是内部口感会因为烘烤不足而过于湿黏，如果是甜面包，表面还容易产生斑点，出现烘烤不均匀，以及表皮和内部分离的情况。

温度过低

烤出的面包体积会偏大，但是面包表皮颜色会比较淡，且缺乏光泽，面包表皮过厚，成品口感干涩且粗糙，风味也不好。

蒸汽过多

当烤箱内部蒸汽过多时，虽然面团膨发得比较好，但是面团表皮会很厚，同时很容易在面包表皮形成水泡。

蒸汽过少

面包表皮会出现裂纹，表皮和内部容易剥离，而且表面上色会比较暗淡，没有光泽。

• 出炉、冷却

当面包出炉后，应迅速把面包转移到烤网上冷却，避免面包继续停留在烤盘上，导致面包底部蒸汽无法扩散出去，在面包底部形成水蒸气，进而使面包底部水分过多，容易造成坍塌，同时也会影响食用时的口感。特别是吐司面包，出炉后一定要立刻脱离吐司模具，不能让它在模具内部停留太长时间。

• 包装

面包出炉后，面包中心温度必须要降到38℃以下，才能进行包装。如果温度过高就装进包装袋，会在袋子表面形成水蒸气，容易导致面包表皮发霉。同时在包装时，也要避免直接用手接触到面包，否则接触细菌过多也会导致面包容易发霉变质。

烘焙小知识

• 吐司缩腰的原因

1. 烘焙时间或温度不够。面包在烤完刚出炉时，面团当中含有的水分会以蒸汽的形式一直不断地向外扩散。如果烘烤时，吐司两侧烤得不够干、不够硬，就有可能会造成面团中间的水分在出炉时仍然向外扩散，沉积附着在两侧的表皮卜，就会让两侧的表皮变得比较柔软，从而撑不住整体面包上半部的重量，所以当重量超过两侧可以支撑的限度时，吐司就会软

掉，继而凹下去。又因为吐司是方形的，它没办法直接往下沉，所以两侧就会往中间陷下去，从而出现缩腰的现象。

2. 吐司面团的体积越大，烘烤时热量就越不容易传导到面团的中心点。所以在中心点的区域往往是最不容易烤透的，即面团的中间部位会沉积较多水分，气孔的密度也会比较高。在这种情况下，如果烘烤得不够透彻，中心部位还没有完全熟透就出炉，那么最湿润的区块集中在中心位置，这也代表面团中间的重量比周围还重，就会产生下沉

的拉力，从而将顶端和两侧的面包外皮往中间拉扯，往中间收缩。

3. 面包在出炉后没有振动模具并及时脱模，团里的热气不能很好地排出，热气与冷空气相遇就会在模具边上产生水汽，会让面包表皮偏软。从而出现缩腰的情况。

4. 在面团配方上，适当添加柔性材料可以起到润滑面筋、延缓面包老化、使面包变得柔软的作用，如果添加过多会使面团过于瘫软，无法支撑烘烤时的迅速膨胀，造成缩腰。

5. 没有控制好面团和模具的比容积（见P32）。黄油含量特别高的面团，如果发酵过度会造成不带盖的顶部面团过大、过重，都有可能造成缩腰。

• 吐司表皮过厚的原因

1. 烘烤过度。长时间持续低温烘烤，使吐司表面发生焦糖化反应，形成过厚的表皮。这时需要调整至合适的温度。

2. 发酵时间过长。在发酵时，如果过度发酵，会使表皮过度氧化，从而抑制面包内部的烘焙弹性，膨胀力下降，内部受热性弱化，就会拉长烘焙时间，表皮也会变厚。这时可以减少发酵时间。

3. 配方中油和糖的用量太少会使表皮厚而坚韧，这时候可适量增加配方中的油脂用量。

4. 表皮太干。在最后发酵时，醒发箱湿度太低，导致面团水分流失过多。在烘烤时，表皮会又厚又硬。在最后发酵时，醒发箱的湿度应控制在75%～85%，面团表面不会干即可。

• 吐司底部沉积的原因

1. 发酵不完全。当使用的酵母不对、酵母的用量不足或发酵的时间不足时，会造成吐司发酵不完全，使吐司的底部形成

沉积。需要选择合适的酵母及加大酵母的用量，通过延长发酵的时间来改善。

2. 吐司烘烤的温度不足，没有烤熟。下火温度太低，会导致面团在烘烤时无法进行再次膨胀，会产生底部沉积，同时有可能会出现不熟的状况。吐司毕竟隔着一个吐司模，烤不熟的吐司组织下部看似湿乎乎的，颜色与上方不太一致。这时需要提高烘烤的温度。

3. 整形不当。在吐司整形过程中，最后卷制时，面团末端是卷在最底下的，只需轻松压薄即可，不要过度按压，否则面筋被擀断会形成"死面"，从而影响面团膨胀，形成沉积。

• 吐司体积小、膨胀度不好的原因

1. 酵母用量不足或使用的酵母不对。一般吐司配方中干酵母的用量为1%～2%。另外要根据配方当中糖的含量来选用低糖酵母或高糖酵母来搅打面团。吐司的发酵时间较长，如果用低糖酵母来制作吐司，而后配方中糖的含量已经超过了5%，那么酵母的作用力已经减弱，当然会影响面团的膨胀。所以一定要选用合适的面包酵母。

2. 使用面粉的蛋白质含量低，面团筋度太弱，导致后面烘烤时面团的膨胀力不够。做面包一定要选用蛋白质含量丰富的高筋面粉，高筋面粉的蛋白质含量也不同，一般在11.5%～14.5%，使用的面粉不同，烤出面包的体积也有差别。

3. 面团搅拌不到位或搅拌时间过长。做吐司的面团，只需要揉到完全扩展阶段，面筋已充分扩展，具有很好的弹性和延伸性，有结实的"手套膜"的状态即可。如果搅拌不到位，面筋延伸性不好，面筋组织的网状结构无法包裹更多的气体，从而影响面团的膨胀。相反，如果面团搅拌时间过长，面筋失去弹性，面团无法包裹

更多气体。所以一定要时刻留意面团的状态，掌握好揉面的时间。

4. 过度整形，破坏了面筋。吐司在整形的过程中，要留意不要过度破坏面筋，分割面团时要尽量减少切割的次数。在擀卷时，力度要均匀，避免用力过度擀断面筋。卷制时轻松卷起即可，如果卷得太紧，也会影响面团膨胀。

· 比容积

比容积反映模具体积与面团重量的关系，可以用来确定与模具相匹配的面团重量，比如方形吐司模具的比容积是4，那么所需面团克重的计算公式如下：

所需面团的克重=模具体积（长×宽×高）÷4

· 烘焙百分比计算公式

烘焙百分比，以配方中面粉重量为100%，其他各种原料的百分比是相对于面粉重量的比例而言的。

某种原料的重量÷面粉总重量×100%＝该原料的烘焙百分比

· 水解法

水解法，指在面团搅拌前，先把配方中的面粉、麦芽精和水三种材料混合均匀，取出静置30分钟，让其自然形成面筋，从而缩短后续面团的搅拌时间。

· 蒸汽的作用

1. 让面团表皮的淀粉迅速糊化，延长面团的定形时间。

2. 让面包的表皮更有韧性（软欧）或口感更加酥脆（硬欧）。

3. 起到保湿作用，让面包内部更加湿润。

· 麦芽精的作用

1. 帮助面包在烘烤时上色。

2. 给酵母菌在发酵时提供营养来源，使其发酵得更加良好。

面团
及面种制作

软法面团

材料（总量 2040克）

王后柔风甜面包粉　1000克

幼砂糖　30克

盐　20克

奶粉　20克

鲜酵母　30克

肯迪雅乳酸发酵黄油　80克

牛奶　200克

水　460克

日式烫种　200克

制作方法

1　所有材料称好放置备用。

2　幼砂糖与水混合，搅拌至幼砂糖完全化开。

3　将面包粉、奶粉、鲜酵母和牛奶放入面缸中，加入步骤2化好的糖水。

4　慢速搅拌至无干粉、无颗粒。

5　加入日式烫种和盐。

6　待日式烫种和盐完全融入面团，即可快速搅拌至面筋扩展阶段，此时面筋具有弹性及良好的延展性，并能拉出较好的面筋膜，面筋膜表面光滑、较厚、不透明，有锯齿。

7　加入黄油，慢速搅拌均匀。

8　转快速搅拌至面筋完全扩展阶段，此时面筋能拉开大片面筋膜且面筋膜薄，能清晰看到手指纹，无锯齿。

9　取出面团规整外形，盖上保鲜膜放置于室温环境下，基础发酵40~50分钟，取出即可分割成相对应产品所需克数，预整形滚圆，盖上保鲜膜冷藏静置备用即可。

小贴士
日式烫种不可直接与面粉一起加入，否则会产生面团颗粒，搅拌不均匀。

软法面团的应用
软法面团其实就是在硬的欧式面包和软的日式面包之间找到的平衡。软法面包相对于口感软糯的日式面包来说更注重谷物的天然原香，并且低糖、低脂、无蛋、内部柔韧，比日式面包更有嚼劲，比硬欧包更松软，热量低又能饱腹，是健康面包的流行新趋势。

软法面团的特点
在口感上，由软法面团做成的软法面包没有法式面包那么硬，没那么难嚼；也没有日式面包那么甜，没那么多热量。吃起来略带有法式面包的口感和小麦香味，也具备甜面包的柔软湿润。

在老化速度上，因面团含水量偏高，所以成品老化速度较慢，能较长时间地保持新鲜湿润的口感。

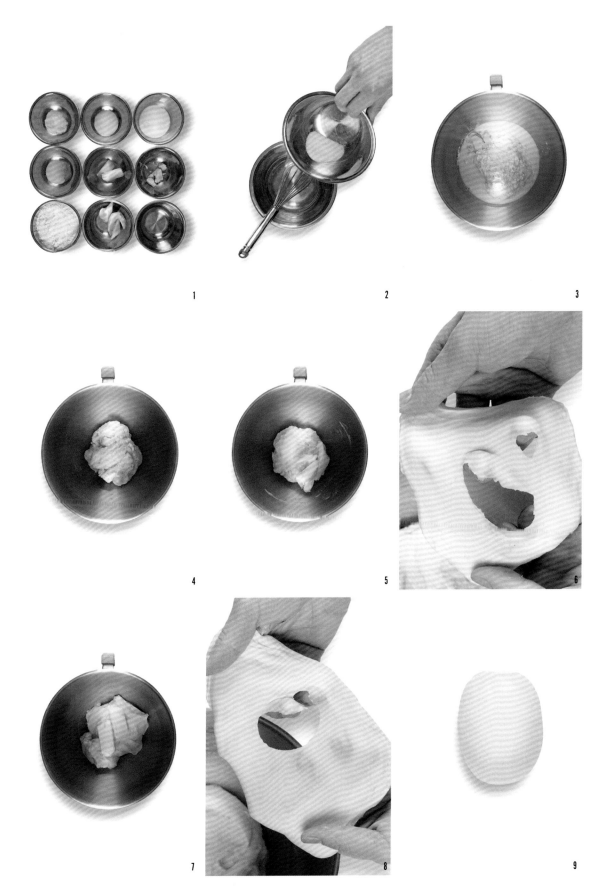

日式面团

材料（总量 2043克）

王后柔风甜面包粉　1000克

幼砂糖　180克

盐　13克

水　400克

奶粉　40克

肯迪雅稀奶油　100克

肯迪雅乳酸发酵黄油　100克

鲜酵母　40克

全蛋　150克

蜂蜜　20克

制作方法

1　所有材料称好放置备用。

2　将面包粉、奶粉、稀奶油、鲜酵母、全蛋和蜂蜜放入面缸中。

3　将幼砂糖与水混合，搅拌至幼砂糖完全化开。

4　将步骤3化好的糖水加入步骤2的面缸中，慢速搅拌至无干粉、无颗粒。

5　往步骤4的面缸中加入盐。

6　待盐完全融入面团，即可快速搅拌至面筋扩展阶段，此时面筋具有弹性及良好的延展性，并能拉出较好的面筋膜，面筋膜表面光滑、较厚、不透明，有锯齿。

7　加入黄油，慢速搅拌均匀。

8　转快速搅拌至面筋完全扩展阶段，此时面筋能拉开大片面筋膜且面筋膜薄，能清晰看到手指纹，无锯齿。

9　取出面团规整外形，盖上保鲜膜放置于室温环境下，基础发酵40～60分钟，取出即可分割成相对应产品所需克数，预整形滚圆，盖上保鲜膜冷藏静置备用即可。

小贴士

溶解后的幼砂糖可以更好地被面粉吸收，从而能节约搅拌面团的时间。

日式面团的定义

一般的日式面团中，糖含量在15%～20%，油脂不低于8%（最低一般不低于4%），其特点是多糖多油，内部松软，口感香甜，并会掺入各种馅料。

制作工艺可分直接法、中种法。甜面包的花色品种多，按不同配料及添加方式可分成清甜型、饰面型、混合型、水果面包等。

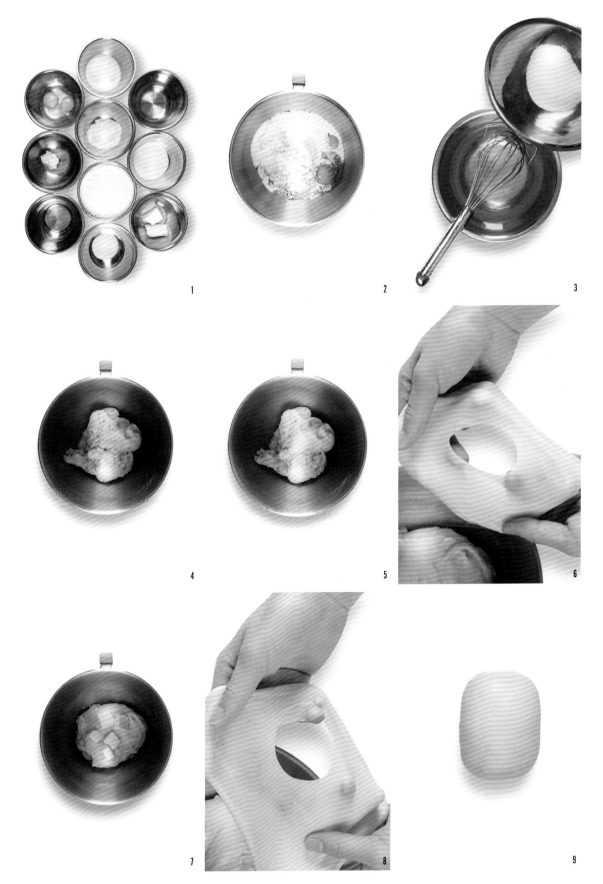

布里欧修面团

材料（总量 2333克）

王后柔风甜面包粉　1000克

幼砂糖　150克

奶粉　20克

鲜酵母　45克

牛奶　350克

全蛋　200克

蛋黄　150克

盐　18克

肯迪雅乳酸发酵黄油　400克

制作方法

1 所有材料称好放置备用。

2 将面包粉、鲜酵母、全蛋、蛋黄和奶粉放入面缸中。

3 将幼砂糖与牛奶混合，搅拌至幼砂糖完全化开。

4 将步骤3化好的幼砂糖和牛奶加入步骤2的面缸中，慢速搅拌至无干粉、无颗粒。

5 面团成团后，加入盐，继续慢速搅拌至七成面筋。

6 搅拌至能拉出表面粗糙的厚膜，孔洞边缘处带有稍小的锯齿。

7 加入在室温下软化至膏状的黄油。

8 先慢速搅拌至黄油与面团融合，再转快速搅拌至十成面筋，此时能拉出表面光滑的薄膜，孔洞边缘处光滑无锯齿。

9 搅拌好后把面团取出，把面团表面收整光滑成球形。面团温度控制在22~26℃，然后把面团放置在22~26℃的环境下，基础发酵40分钟即可。

小贴士

在该配方的基础上再加30克可可粉，便能制成巧克力布里欧修面团。

布里欧修面团的应用

布里欧修并不特指某一款面包，而是一个面包种类的统称。它是"高糖、高油、高热量"的代表。

布里欧修是面包里的一个品种，很多面包都可以用基础的布里欧修面团来制作，所以布里欧修面团也是面包中的一个基础面团。其面团特点是配方中含有大量的砂糖、鸡蛋和黄油。传统的布里欧修面团里黄油占比要求最少是面粉总量的30%，同时配方中的液体主要由鸡蛋、牛奶、稀奶油和黄油组成（本页配方未加稀奶油）。布里欧修面包的口感特点是：外表酥脆，内部柔软。

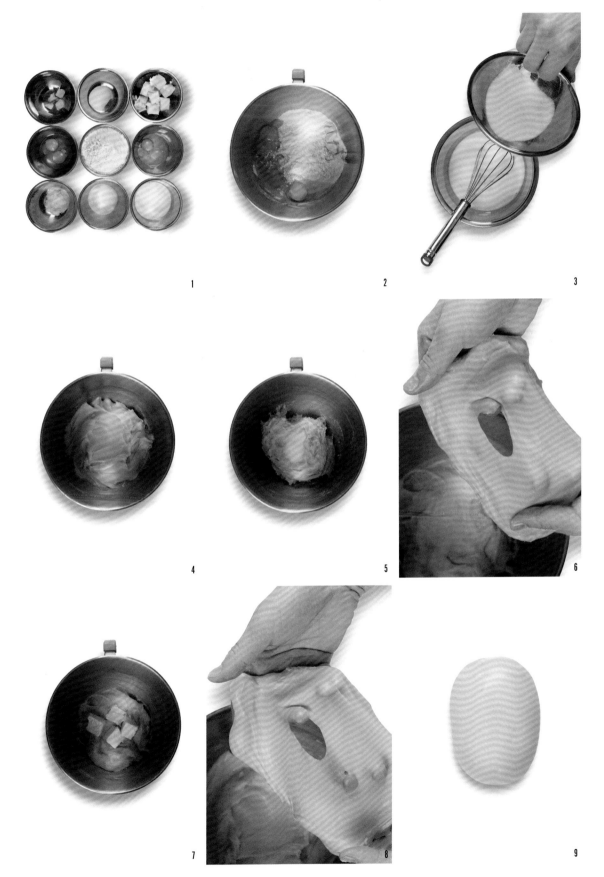

可颂面团

材料（总量 2250克）

伯爵传统T45面粉　800克

伯爵传统T65面粉　200克

幼砂糖　130克

鲜酵母　40克

牛奶　100克

水　330克

全蛋　50克

盐　20克

肯迪雅乳酸发酵黄油　80克

肯迪雅布列塔尼黄油片　500克

制作方法

1. 所有材料称好放置备用（T45面粉和T65面粉已混合，黄油片未体现在图片中）。

2. 将幼砂糖与水混合，搅拌至幼砂糖完全化开，连同T45面粉、T65面粉、鲜酵母、牛奶、全蛋、黄油一起倒入面缸中。慢速搅拌成团至没有干粉，加入盐。

3. 把面团搅拌至八成面筋，此时能拉出表面光滑的厚膜，孔洞边缘处带有稍小的锯齿。

4. 搅拌好后把面团取出，分割成1000克一块，表面收整光滑成球形。面团温度控制在22～26℃，然后把面团放置在22～26℃的环境下，基础发酵40分钟。

5. 面团松弛好后，擀压成长40厘米、宽20厘米的长方形，密封冷冻至变硬后，再转移至冷藏冰箱里隔夜松弛。

6. 面团隔夜松弛好后，从冰箱取出，底部朝上，取250克黄油片擀压成边长20厘米的正方形薄片，放在面团中心位置，其中左右两条侧边与面团的长边保持平整。

7. 用擀面杖贴着黄油片的上下两边，把面团压薄，防止面团对折后，边缘过厚。

8. 把面团从两边往中间对折，接口处捏合到一起。

9. 用擀面杖在表面轻轻按压，让面团和黄油片黏到一起。

10. 把步骤9的面团逆时针旋转90°，如图把面团折叠的两边用美工刀划开，以防面团在开酥时面筋过强导致收缩变形。

11. 将面团顺着接口的方向放在开酥机上，依次递进地压薄，最终压到5毫米厚，把面团两端切平整，然后先往中心对折一次，接着再对折一次，共四层。

12. 把面团逆时针旋转90°，再次用美工刀把面团两侧划开。

13. 再次用开酥机把面团接依次递进地压薄，最终压到5毫米厚，把面团两端切平整，两边各往中间折1/3，共三层，然后把面团稍微压薄。

14. 用保鲜膜密封包裹起来，放入冷藏冰箱里松弛80分钟。然后再拿出来进行压薄、切割即可。

可颂面团的应用

可颂面团又叫作维也纳发酵起酥面团，其特点是在制作时，会包裹入大量黄油，经过开酥形成层次分明的酥层，因此也延长了制作时间、增加了制作难度。其成品外表酥脆，内部湿润。最经典的代表产品有原味可颂、巧克力可颂和葡萄可颂等。

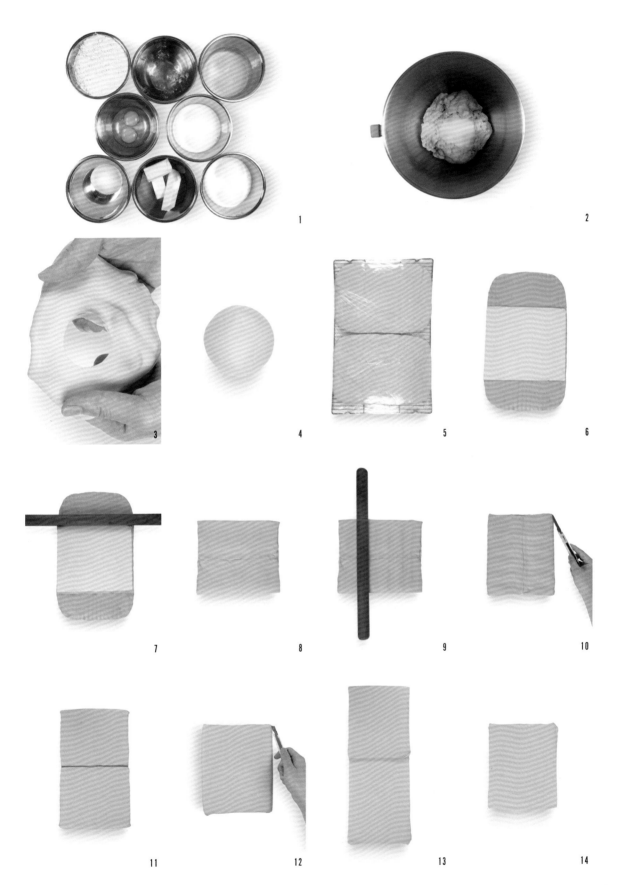

鲁邦种

材料（总量 5130克）

第一天：
伯爵传统T65面粉 400克
伯爵传统T170面粉 100克
蜂蜜 30克
30℃的水 600克

第二天：
伯爵传统T65面粉 1000克
30℃的水 1000克

第三天：
伯爵传统T65面粉 1000克
30℃的水 1000克

制作方法

1 将第一天的材料称好放置备用。

2 把30℃的水和蜂蜜混合，搅拌均匀至融合。

3 加入T65面粉和T170面粉。

4 搅拌均匀至光滑无颗粒，放入醒发箱（温度30℃，湿度75%）醒发6～8小时。等面团表面发酵至布满气泡时，转入冷藏冰箱隔夜保存。

5 第二天，把鲁邦种从冷藏冰箱取出，把第二天的材料准备好备用。

6 把面粉和水加入鲁邦种中，搅拌至均匀、无颗粒。

7 放入醒发箱（温度30℃，湿度75%）醒发6～8小时。等面团表面发酵至布满气泡时，转入冷藏冰箱隔夜保存。第三天把鲁邦种取出，重复第二天的操作。发酵3天后即可正常使用，如要续养，把面粉和水按1:1的比例添加进去，搅拌均匀发酵，发酵好放冷藏冰箱保存即可。

鲁邦种的应用

将鲁邦种形成的微酸味以及发酵香味运用到面包制作中，首先，可以增加面包味道的醇厚度，更加凸显谷物本身的麦香味，还能很好地衬托出发酵形成的风味层次感；其次，能使面包表皮略厚，继而使面包的表皮颜色漂亮；再次，鲁邦种能增加面包的酸度，让面包的风味更加饱满自然；从次，能增加成品湿润、不粘牙、有嚼劲的口感，帮助内部组织形成不规则的蜂窝状孔洞；最后，使用鲁邦种制作的面包，延长了发酵时间，能延缓面包的老化，使得面包保鲜期延长。鲁邦种比较适合做一些传统欧包，比如法棍、法国乡村面包、黑麦面包等，因为这一类面包配方的材料比较单一，更容易突显出鲁邦种的风味。

另外，虽然鲁邦种也是酵母，但它的发酵能力相对于商业酵母来讲是有限的，而且因为培育的差异关系，会导致它的发酵活性不稳定，可添加一些商业酵母来稳定面团的发酵，鲁邦种更多起到的是提供风味的作用。

日式烫种

材料（总量 1610克）

王后柔风甜面包粉　500克

幼砂糖　100克

盐　10克

水　1000克

制作方法

1　所有材料称好放置备用。

2　把幼砂糖和盐加入水中，搅拌均匀。

3　用电磁炉把步骤2的水烧开，水温要到95℃以上。

4　水烧开后，直接把水冲进面包粉里。

5　使用厨师机把烫种搅拌至光滑没有干粉。

6　用保鲜膜贴面密封起来，放冷藏冰箱降温至30℃以下再拿出使用即可。

日式烫种的应用

面包的松软程度与面团的含水量直接相关，如果想要做出口感柔软的面包，通常都会在面团的含水量上去做调整。烫种法利用的是淀粉糊化原理，先将沸水和面粉进行混合，将面粉烫熟，使面粉中含有的淀粉充分糊化，当淀粉糊化后，便能锁住更多水分。所以把日式烫种加到面团里时，就能提高面团的含水量。从而能够增加面包口感的湿润度和弹性，同时也能延缓面包成品的老化速度。

因为烫种在刚制作完成时，温度会比较高，所以需要等烫种完全冷却后（30℃以下）再拿去与配方中的其他材料搅拌成面团来制作面包；或将制作好的烫种放到冰箱里冷藏，存放一晚之后再使用。这种操作工艺，就是平时我们所说的烫种法。

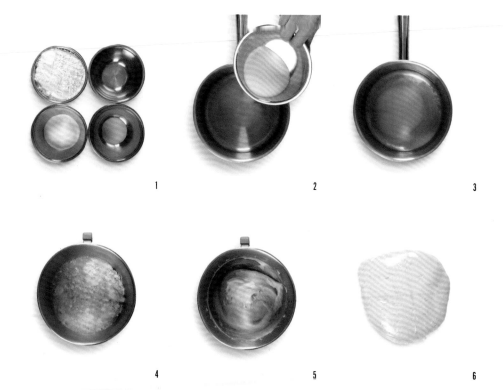

1　　2　　3

4　　5　　6

日式面包
及布里欧修
面包系列

—

日式菠萝包

材料（可制作38个）

日式菠萝皮

王后精致低筋面粉　500克

肯迪雅乳酸发酵黄油　150克

全蛋　165克

糖粉　250克

泡打粉　1克

其他

日式面团　2280克

幼砂糖　适量

制作方法

1 将制作日式菠萝皮的材料称好放置备用。

2 黄油提前放置于室温环境下，让其软化，加入糖粉一起打发至发白状态。

3 将全蛋分批加入到步骤2打发的黄油中。

4 加入泡打粉和面粉，搅拌至均匀、无颗粒，放入盆中常温静置30分钟。

5 从冷藏冰箱中取出提前做好的日式面团，让其回温变软，分割成60克一个；将步骤4的日式菠萝皮分割成约28克一个，放置备用。

6 用日式菠萝皮包裹日式面团，日式面团底部两边不断收紧并往菠萝皮顶部进行按压至菠萝皮完全包裹日式面团。

7 将包裹日式面团后的菠萝皮表面蘸幼砂糖（底部不蘸）。

8 用塑料面刀在日式菠萝皮表面划出5道印记，切记不要切断。

9 将整形好的日式菠萝包放置于烤盘中，室温密封发酵50~60分钟，放入烤箱，上火200℃，下火185℃，烘烤12分钟即可。

小贴士

冷藏的日式面团偏硬，更有利于面包的塑形美观。但制作日式菠萝包的面团若偏硬则不利于成形，而且制作出的成品菠萝包比较扁，所以制作日式菠萝包时，一定要让日式面团回温变软才能进行下一步操作。

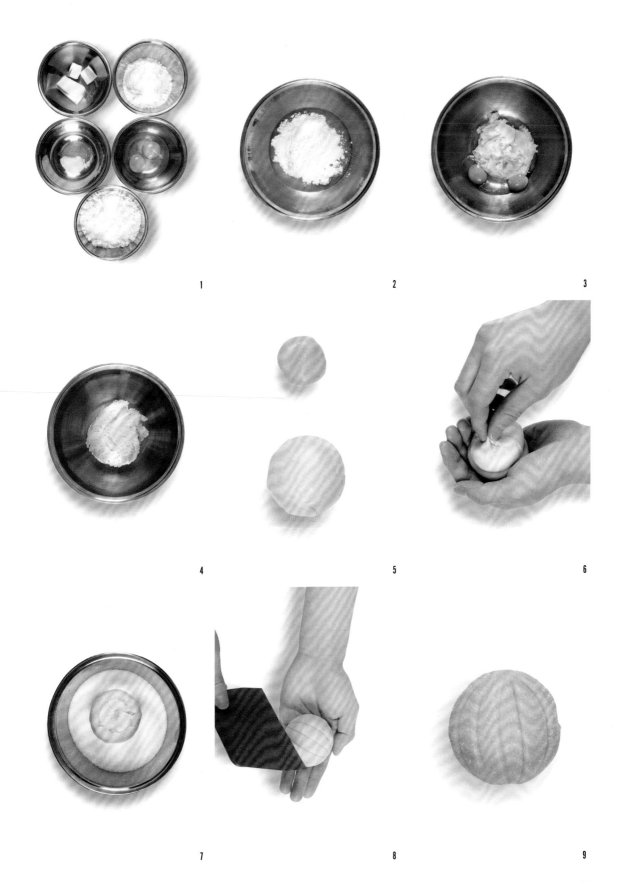

© 日式菠萝包

© 日式红豆包

日式红豆包

材料（可制作13个）

日式红豆馅

红豆沙　250克

红豆粒　250克

肯迪雅稀奶油　20克

肯迪雅乳酸发酵黄油　30克

其他

日式面团　780克

蛋液　适量

黑芝麻　适量

制作方法

1 将制作红豆馅的材料称好放置备用。

2 将红豆沙、红豆粒和黄油混合，搅拌均匀。

3 加入稀奶油，搅拌均匀。

4 将搅拌均匀的红豆馅放置于盆中，冷藏备用。

5 从冷藏冰箱中取出提前做好的日式面团，分割成60克一个，放置备用。

6 将做好的红豆馅分成约42克一个，揉圆，与日式面团放在一起。

7 日式面团表面蘸面粉，用擀面杖将其擀压成中间厚两边薄的圆形面皮，将步骤6分割好的红豆馅放在面皮中间。

8 用日式面团包裹住红豆馅，底部收口，放入烤盘。将烤盘放入醒发箱（温度30℃，湿度80%）醒发50~60分钟。

9 在醒发好的日式红豆包表面均匀地刷上蛋液，粘上黑芝麻；上火230℃，下火180℃，烘烤10分钟即可。

小贴士

蛋液一定要均匀地打散过筛，否则会影响成品的光泽度。

1

2

3

4

5

6

7

8

9

日式盐可颂

材料（可制作30个）

王后柔风甜面包粉　900克　　　　　奶粉　30克

王后精致低筋面粉　100克　　　　　牛奶　50克

肯迪雅乳酸发酵黄油　320克　　　　海盐　适量

幼砂糖　50克　　　　　　　　　　水　580克

鲜酵母　25克　　　　　　　　　　盐　20克

制作方法

1. 所有材料称好放置备用（海盐除外）。

2. 幼砂糖与水混合，搅拌至幼砂糖完全化开，连同面包粉、面粉、奶粉、牛奶和鲜酵母一起放入面缸中，慢速搅拌至无干粉、无颗粒，加入盐。

3. 待盐完全融入面团中，即可快速搅拌至面筋扩展阶段，此时面筋具有弹性及良好的延展性，并能拉出较好的面筋膜，面筋膜表面光滑较厚、不透明，有锯齿。

4. 加入80克黄油，慢速搅拌均匀。

5. 转快速搅拌至面筋完全扩展阶段，此时面筋能拉开大片面筋膜且面筋膜薄，能清晰看到手指纹，无锯齿；取出面团规整外形，盖上保鲜膜放置于冷藏冰箱中低温发酵40～50分钟。

6. 取出松弛好的面团，分割成每个60克，预整形为水滴形，盖上保鲜膜，冷藏静置30分钟备用。

7. 如图，擀至长为35厘米的水滴形，在面团顶端放一条8克黄油。

8. 然后依次由上往下卷起成可颂形状，放入烤盘。将烤盘放入醒发箱（温度30℃，湿度80%）醒发40～50分钟。

9. 醒发好的日式盐可颂表面喷水，撒海盐。放入烤箱中，上火240℃，下火170℃，入炉后喷蒸汽2秒，烘烤10分钟即可。

小贴士

冷藏低温发酵的面团可以让盐可颂面包层次更加清晰，使面包产生渐变色。

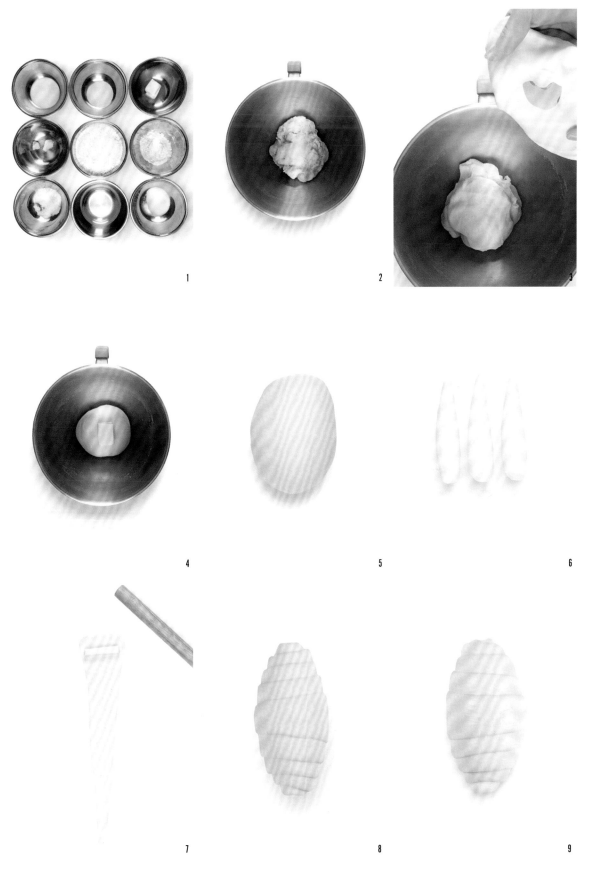

© 日式盐可颂

◎ 日式果子面包

日式果子面包

材料（可制作23个）

牛奶卡仕达酱

王后精致低筋面粉　30克

肯迪雅乳酸发酵黄油　100克

牛奶　500克

蛋黄　150克

幼砂糖　120克

玉米淀粉　20克

其他

日式面团　1380克

蛋液　适量

杏仁片　适量

制作方法

1. 将制作牛奶卡仕达酱的材料称好放置备用。

2. 幼砂糖与蛋黄混合搅拌均匀，加入面粉与玉米淀粉，再次搅拌均匀成蛋黄糊。牛奶倒入厚底锅中，在电磁炉上烧开，然后缓慢地倒入搅拌好的蛋黄糊中搅拌均匀。

3. 将步骤2搅拌好的液体再次倒入厚底锅中，开小火，边加热边搅拌直至浓稠冒泡，再加入黄油。

4. 搅拌均匀，用保鲜膜贴面，冷藏备用。

5. 从冷藏冰箱中取出提前做好的日式面团，分割成60克一个，放置备用。

6. 将面团表面蘸面粉（配方用量外），并用擀面杖擀成椭圆形，翻面。

7. 从冷藏冰箱中拿出步骤4做好的牛奶卡仕达酱，装入裱花袋并在日式面团上挤40克，将面团对折完全覆盖。

8. 用面刀在面团圆弧正中间切一条2厘米的口子，然后左右两边也各切一个2厘米的口子，放入烤盘，将烤盘放入醒发箱（温度30℃，湿度80%）醒发50~60分钟。

9. 在醒发好的日式果子面包表面均匀地刷上蛋液，放上两片杏仁片，放入烤箱，上火230℃，下火170℃，烘烤10分钟即可。

小贴士

在制作牛奶卡仕达酱的过程中，牛奶放在电磁炉上，一定要不停地搅拌以防止糊底，烧开的牛奶一定要缓慢地倒入蛋黄糊中，防止高温过快倒入变成蛋花汤。

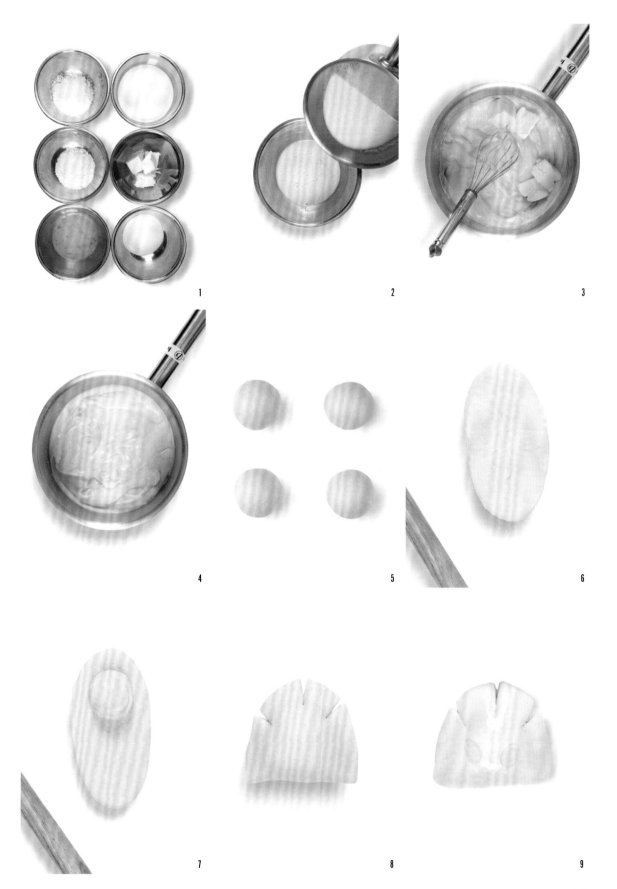

1

2

3

4

5

6

7

8

9

日式芋泥大鼓面包

材料（可制作33个）

芋泥馅

新鲜芋头　900克

新鲜紫薯　100克

幼砂糖　180克

肯迪雅乳酸发酵黄油　80克

肯迪雅稀奶油　80克

其他

日式面团　1980克

制作方法

1　将制作芋泥馅的材料称好放置备用。

2　新鲜芋头与紫薯去皮，放入蒸锅中蒸熟，然后连同幼砂糖、黄油、稀奶油一起放入面缸中。

3　将步骤2的材料搅拌均匀，放入盆中冷藏备用。

4　从冷藏冰箱中取出提前做好的日式面团，分割成60克一个，放置备用。

5　将日式面团表面蘸面粉，并用擀面杖擀压成中间厚两边薄的圆形面皮。

6　将步骤3做好的芋泥馅装入裱花袋中，在每个面皮上挤约40克。

7　用日式面团包裹住芋泥馅，底部收口，放入大鼓面包模具中，将模具放入醒发箱（温度30℃，湿度80%）醒发约40分钟，醒发好后取出，表面盖上烘焙油布，再压上一个烤盘，放入烤箱，上火230℃，下火180℃，烘烤10～12分钟即可。

小贴士

新鲜芋头与紫薯一定要隔水蒸，这样才不会导致糖分流失，可以增加化口性。

1   2   3

4   5

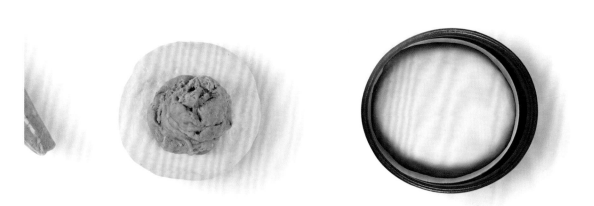

6   7

© 日式芋泥大鼓面包

爆浆摩卡

材料（可制作13个）

摩卡皮
王后精致低筋面粉　150克

肯迪雅乳酸发酵黄油　80克

糖粉　90克

全蛋　50克

可可粉　8克

巧克力爆浆馅
肯迪雅稀奶油　180克

柯氏51%牛奶巧克力　150克

其他
日式面团　780克

幼砂糖　适量

奥利奥饼干　适量

防潮糖粉　适量

制作方法

1. 将制作摩卡皮的材料称好放置备用。

2. 黄油提前放置于室温环境下软化，与糖粉混合，打发至发白状态，分批次加入全蛋至完全融入黄油中，再加入可可粉和面粉，搅拌至均匀、无颗粒。

3. 将搅拌好的摩卡皮面团放置于盆中，用保鲜膜包裹，室温静置30分钟即可分割。

4. 将制作巧克力爆浆馅的材料称好放置备用。

5. 将稀奶油和牛奶巧克力混合，隔水加热至化开，搅拌均匀后装入裱花袋，室温下放置备用。

6. 从冷藏冰箱中取出提前做好的日式面团，分割成60克一个，放置于室温环境下，让其回温变软，将步骤3的摩卡皮分成约28克一个，揉圆。

7. 用摩卡皮包裹日式面团，日式面团底部两边不断地收紧，往摩卡皮顶部进行按压至摩卡皮完全包裹日式面团。

8. 将包裹后的摩卡皮表面蘸幼砂糖（底部不蘸），放入八角模具中，室温密封发酵50~60分钟，放入烤箱，上火200℃，下火195℃，烘烤12分钟。

9. 挤入巧克力爆浆馅，在流出的爆浆馅上装饰奥利奥饼干，撒防潮糖粉即可。

奶酥蔓越莓面包

材料（可制作25个）

奶酥蔓越莓馅

肯迪雅乳酸发酵黄油　250克

糖粉　175克

全蛋　150克

奶粉　350克

蔓越莓碎　100克

其他

日式面团　1500克

防潮糖粉　适量

制作方法

1 将制作奶酥蔓越莓馅的材料称好放置备用。

2 黄油提前放置于室温环境下软化，与糖粉混合，打发至发白状态，分批次加入全蛋至完全融入黄油中，加入奶粉和蔓越莓碎。

3 搅拌均匀后放入盆中备用。

4 从冷藏冰箱中取出提前做好的日式面团，分割成60克一个，放置备用。

5 将日式面团表面蘸面粉，用擀面杖擀成长条形，翻面将底部收口成长方形，再挤两条步骤3的奶酥蔓越莓馅，每条约20克。

6 用馅尺把奶酥蔓越莓馅涂抹均匀。

7 将抹好馅的面皮卷起，逆时针旋转90°，用刀一切为二，留一端不要切断。

8 将步骤7的面团缠绕成麻花形。

9 将步骤8的麻花两头结合成甜甜圈形，放入4寸*咕咕霍夫模具中，将模具放入醒发箱（温度30℃，湿度80％）醒发40～50分钟。醒发后放入烤箱，上火220℃，下火200℃，烘烤12分钟。烤好后在表面均匀地撒上防潮糖粉即可。

*书中的"寸"指英寸，1英寸=2.54厘米。

小贴士

奶酥蔓越莓馅中的黄油一定要打至发白，否则口感偏硬不够松软；整形好的奶酥蔓越莓面团放入模具一定要平整，否则成品质量有高有低，影响美观度。

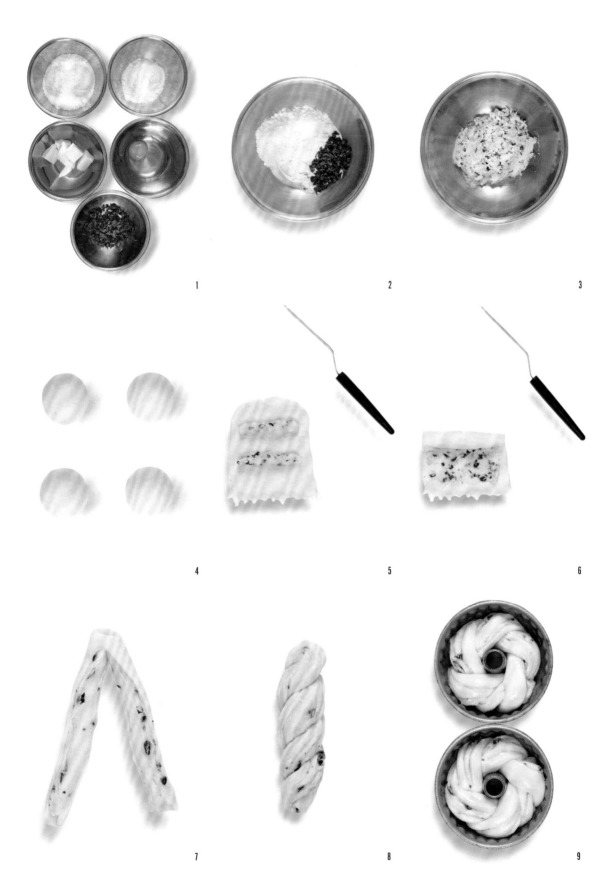

◎ 奶酥蔓越莓面包

◎ 贝果

贝果

材料（可制作22个）

贝果面团

王后柔风甜面包粉　800克

王后精致低筋面粉　200克

肯迪雅乳酸发酵黄油　40克

幼砂糖　80克

鲜酵母　20克

水　600克

盐　15克

煮贝果水

水　1000克

幼砂糖　50克

蜂蜜　30克

制作方法

1　将制作贝果面团的材料称好放置备用。

2　将面包粉、面粉、鲜酵母和黄油放入面缸中。

3　幼砂糖与水混合，搅拌至幼砂糖完全化开。

4　将步骤3的糖水倒入步骤2的面缸中，慢速搅拌至无干粉、无颗粒。

5　加入盐，继续慢速搅拌。

6　待盐完全融入面团，即可快速搅拌至面筋扩展阶段，此时面筋具有弹性及良好的延展性，并能拉出较好的面筋膜，面筋膜表面光滑、较厚、不透明，有锯齿。

7　出缸以后将面团整成椭圆形，盖上保鲜膜冷藏松弛10分钟。

8　将松弛好的面团分割成约78克一个，揉圆，盖上保鲜膜冷藏松弛2个小时。

9　将松弛好的面团表面微微撒上面粉（配方用量外），并用擀面杖擀成长20厘米、宽12厘米的长条形。

10　翻面，底部收口，由上到下卷起拉伸成16厘米的长条形。

11　两头收口成甜甜圈形状，再放入醒发箱（温度30℃，湿度80%）醒发30～40分钟。

12　将1000克水、50克幼砂糖和30克蜂蜜放入厚底锅中，在电磁炉上大火烧至沸腾。将醒发好的贝果放在沸腾的贝果水中，煮至50秒即可捞出，放置于烘焙油布上，放入烤箱，上火240℃，下火200℃，烘烤12分钟即可。

小贴士

煮好的贝果可以根据个人喜好进行装饰，如添加白芝麻、亚麻籽或奇亚籽等。

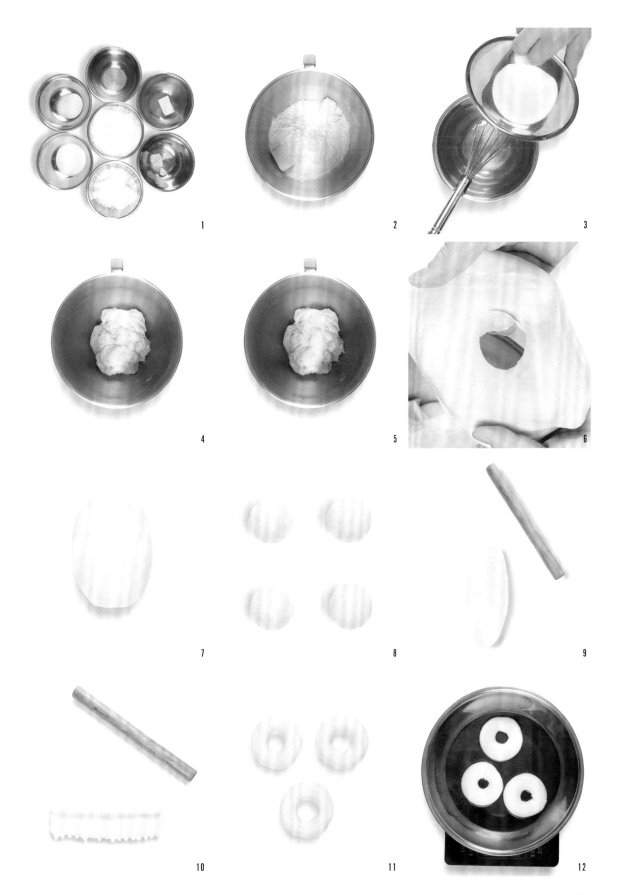

焦糖玛奇朵

材料（可制作39个）

杏仁酱
杏仁粉　320克

糖粉　245克

蛋清　245克

玉米淀粉　20克

紫薯馅
新鲜紫薯　1000克

幼砂糖　40克

肯迪雅稀奶油　100克

肯迪雅乳酸发酵黄油　50克

其他
日式面团　2340克

糖粉　适量

制作方法

1　将制作杏仁酱的材料称好放置备用。

2　将蛋清用打蛋器打至微微发泡，然后加入杏仁粉、糖粉、玉米淀粉。

3　用搅拌器搅拌均匀，装入裱花袋，室温放置备用。

4　将制作紫薯馅的材料称好放置备用。新鲜紫薯削皮，隔水放在风炉中210℃烘烤30分钟，表面盖烘焙油布，防止烤干。

5　将烤好的紫薯与稀奶油、黄油、幼砂糖混合，搅拌均匀后冷藏备用。

6　从冷藏冰箱中取出提前做好的日式面团，分割成60克一个，表面蘸面粉。将紫薯馅分成约30克一个，揉圆放置备用。

7　日式面团用擀面杖擀至中间厚两边薄，将分好的紫薯馅放在面皮上。

8　用日式面团包裹紫薯馅，滚圆后放入八角模具中。

9　放入醒发箱（温度30℃，湿度80%）醒发约50分钟，在醒发好的面团表面挤上杏仁酱，均匀地撒上糖粉，放入烤箱，上火200℃，下火195℃，烘烤12～15分钟即可。

小贴士

杏仁酱里的蛋清一定要微微打发，否则成品表面的杏仁酱没有龟裂感，且表面的皮层较厚。

1

2

3

4

5

6

7

8

9

© 焦糖玛奇朵

© 凤梨卡仕达面包

凤梨卡仕达面包

材料（可制作27个）

凤梨馅
牛奶　500克

卡仕达粉　180克

凤梨罐头　400克

其他
日式面团　1620克

蛋液　适量

幼砂糖　适量

制作方法

1 将制作凤梨馅的材料称好放置备用。

2 将牛奶与卡仕达粉混合，搅拌均匀成卡仕达酱，静置备用。

3 将凤梨罐头切碎，表面撒幼砂糖，在烤箱里烘烤，烤至表面有些上色拿出冷却，再倒入卡仕达酱中。

4 搅拌均匀后装入裱花袋，冷藏备用。

5 从冷藏冰箱中取出提前做好的日式面团，分割成60克一个，放置备用。

6 将日式面团表面蘸面粉，用擀面杖擀成长条形，翻面，一端收口成长方形，在另一端按图示方向挤上步骤4的凤梨馅，挤成条形（40克）。

7 用馅尺涂抹均匀，然后按图示方向卷起。

8 将卷好的面团放入冷冻冰箱中冻硬，然后平均切5刀。

9 将切面朝上放入4寸汉堡模具中，把模具放入醒发箱（温度30℃，湿度80%）醒发40~50分钟。在醒发好的面包表面均匀刷上蛋液，然后撒上幼砂糖，放入烤箱，上火220℃，下火190℃，烘烤12分钟即可。

小贴士

烘烤凤梨罐头时，在表面撒幼砂糖，高温进行烘烤，表面产生焦糖色可以去除凤梨的酸味（如果用新鲜凤梨口感更好）。

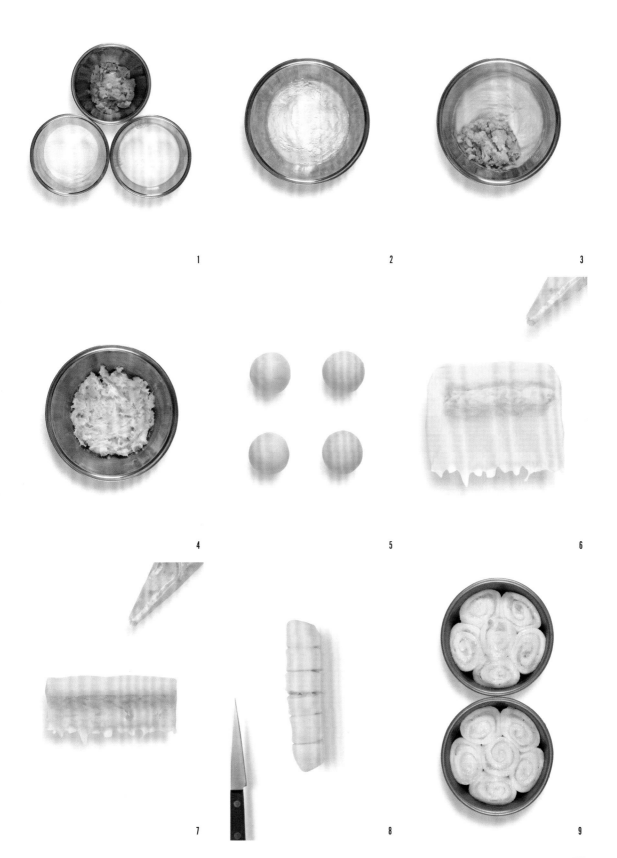

冰面包

材料（可制作23个）

香草冰激凌馅
牛奶 250克

卡仕达粉 60克

肯迪雅稀奶油 200克

其他
玉米淀粉 适量

面团
王后柔风甜面包粉 900克

王后精致低筋面粉 100克

肯迪雅乳酸发酵黄油 100克

幼砂糖 80克

鲜酵母 30克

奶粉 20克

牛奶 300克

蛋清 100克

水 250克

盐 16克

制作方法

1. 将制作香草冰激凌馅的材料称好放置备用。

2. 将牛奶与卡仕达粉混合，搅拌均匀至细腻无颗粒；稀奶油搅打至酸奶状（微微打发）。把两者混合。

3. 搅拌均匀，装入裱花袋冷藏备用。

4. 将制作面团的材料称好放置备用。

5. 幼砂糖与水混合，搅拌至幼砂糖完全化开，将面包粉、面粉、奶粉、牛奶、鲜酵母和蛋清放入面缸中，再加入化开的糖水，慢速搅拌至无干干粉、无颗粒，加入盐。

6. 待盐完全融入面团中，快速搅拌至面筋扩展阶段，此时面筋具有弹性及良好的延展性，并能拉出较好的面筋膜，面筋膜表面光滑、较厚、不透明，有锯齿。加入黄油，慢速搅拌均匀。

7. 转快速搅拌至面筋完全扩展阶段，此时面筋能拉开大片面筋膜且面筋膜薄，能清晰看到手指纹，无锯齿。将面团整成椭圆形，盖上保鲜膜，放置于室温环境下基础发酵40～50分钟。

8. 把发酵好的面团分割成约82克一个，揉圆，盖上保鲜膜，冷藏静置备用。

9. 从冷藏冰箱中取出提前做好的面团，常温放置软化，揉圆，表面蘸玉米淀粉，放入烤盘。将烤盘放入醒发箱（温度30℃，湿度80%）醒发50～60分钟，然后移入烤箱，上火170℃，下火190℃，入炉后喷蒸汽3秒，烘烤14分钟。烤好后取出，将冷却好的面包底部戳洞，然后将准备好的香草冰激凌馅挤入，每个挤约22克，然后放入冰箱冷藏即可。

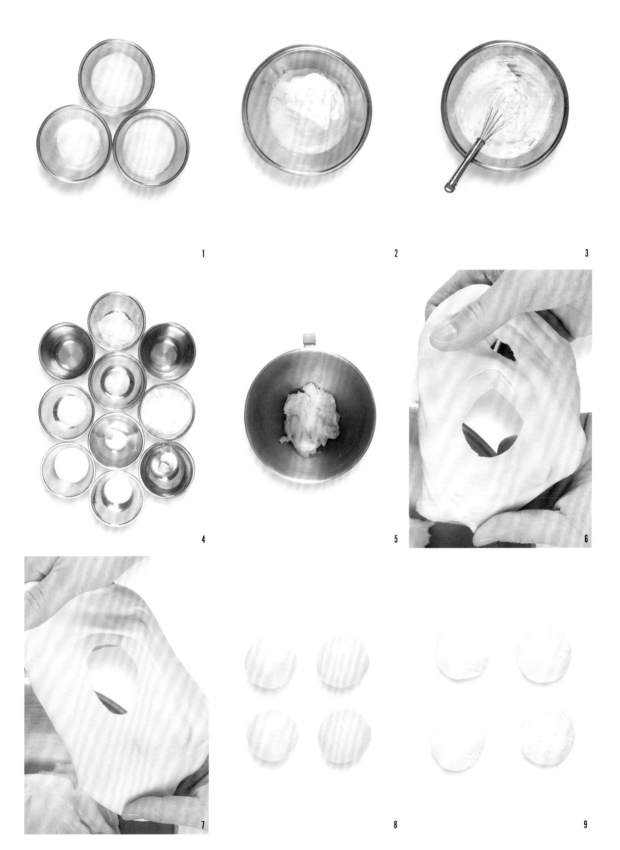

© 冰面包

蓝莓芝士

材料（可制作10个）

芝士馅

肯迪雅稀奶油　100克

奶油芝士　250克

糖粉　50克

其他

日式面团　600克

蛋液　适量

新鲜蓝莓　30颗

制作方法

1　将制作芝士馅的材料称好放置备用。

2　奶油芝士提前在室温下软化，与糖粉混合搅拌均匀。

3　向步骤2搅拌均匀的奶油芝士中加入稀奶油。

4　搅拌均匀，装入盆中冷藏备用。

5　从冷藏冰箱中取出提前做好的日式面团，分割成60克一个，放置备用。

6　将面团表面蘸面粉，用擀面杖擀成直径为12厘米的圆形面皮。

7　将擀好的圆形面皮放入4寸汉堡模具中，并放入醒发箱（温度30℃，湿度80%）醒发约40分钟。

8　在醒发好的面团皮四周均匀地刷上蛋液，将提前做好的芝士馅装入裱花袋中，在每个面皮中挤入40克。

9　最后再放上三颗新鲜蓝莓，放入烤箱，上火220℃，下火180℃，烘烤10～12分钟即可。

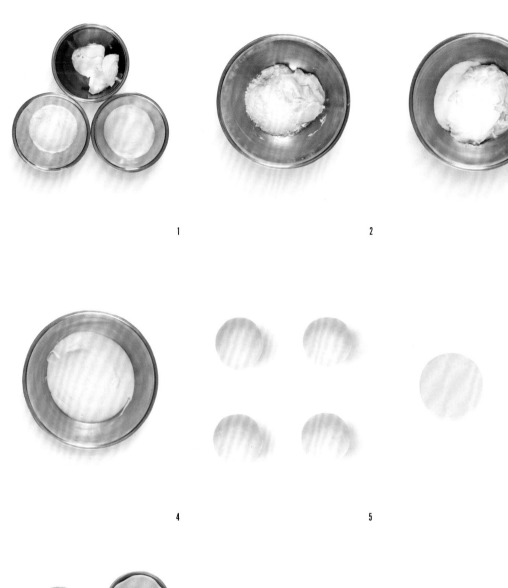

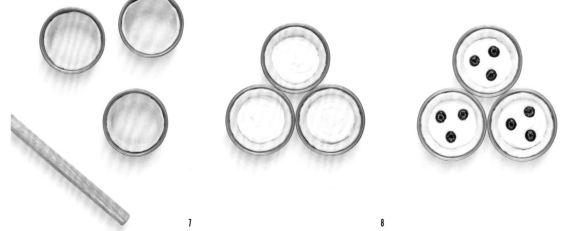

茄子芝士面包

材料（可制作12个）

软法面团　720克

芝士粉　适量

培根　6块

茄子　1根

黑胡椒粉　适量

马苏里拉芝士碎　120克

制作方法

1　茄子斜刀切成厚约4毫米的薄片，共切36片。培根放入烤箱，上火220℃，下火180℃，烘烤3分钟，取出冷却备用。

2　将提前做好的软法面团取出，分割成60克一个，滚圆，放在烤盘上，密封放在常温下松弛30分钟。

3　面团松弛好后取出，用擀面杖擀成长15厘米、宽8厘米的椭圆形长条。

4　面团的一面用喷水壶喷一层水，然后蘸上一层芝士粉。

5　将蘸有芝士粉的一面朝上，均匀摆放在烤盘上，放入醒发箱（温度30℃，湿度80%）醒发45分钟。

6　面团醒发好后取出，在蘸有芝士粉的一面中心放半块培根，撒适量黑胡椒粉。

7　在培根上斜着重叠放3片茄子，撒上适量芝士粉和10克马苏里拉芝士碎。放入烤箱，上火230℃，下火170℃，入炉后喷1秒蒸汽，烘烤约13分钟。出炉后，把面包转移到网架上冷却即可。

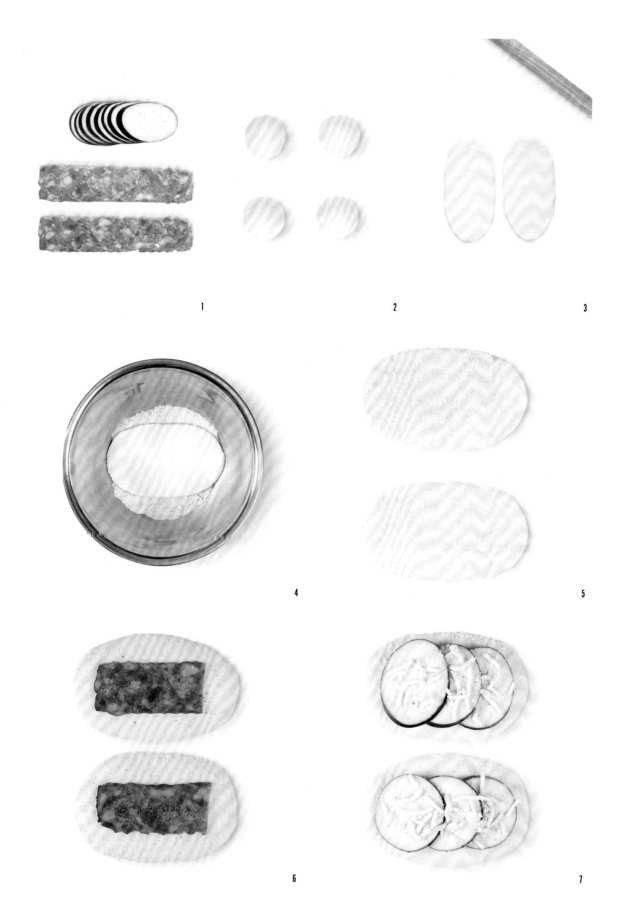

1

2

3

4

5

6

7

© 茄子芝士面包

◎ 熏鸡芝士面包

熏鸡芝士面包

材料（可制作11个）

鸡肉馅

烟熏鸡胸肉　250克

红椒粒　50克

青椒粒　50克

玉米粒　50克

沙拉酱　50克

黑胡椒粉　5克

其他

日式面团　660克

蛋液　适量

芝士粉　适量

橄榄油　适量

马苏里拉芝士碎　适量

制作方法

1 将制作鸡肉馅的材料称好放置备用。

2 将烟熏鸡胸肉切丁，与红椒粒、青椒粒、玉米粒、沙拉酱、黑胡椒粉在盆中混合。

3 搅拌均匀，用保鲜膜包裹，冷藏备用。

4 从冷藏冰箱中取出提前做好的日式面团，分割成60克一个，放置备用。

5 将面团表面蘸面粉，用擀面杖擀成中间厚两边薄的圆形面皮。

6 取出提前做好的鸡肉馅，在每个面皮上放约40克。

7 将面皮包裹住鸡肉馅，底部收口，表面均匀地刷上蛋液，蘸芝士粉。

8 将整形好的熏鸡芝士面包放入八角模具中，然后放入醒发箱（温度30℃，湿度80%）醒发50～60分钟。

9 醒发好的面团用剪刀剪十字刀口，刀口处放马苏里拉芝士碎，放入烤箱，上火220℃，下火190℃，烘烤12分钟，烤后在表面刷橄榄油即可。

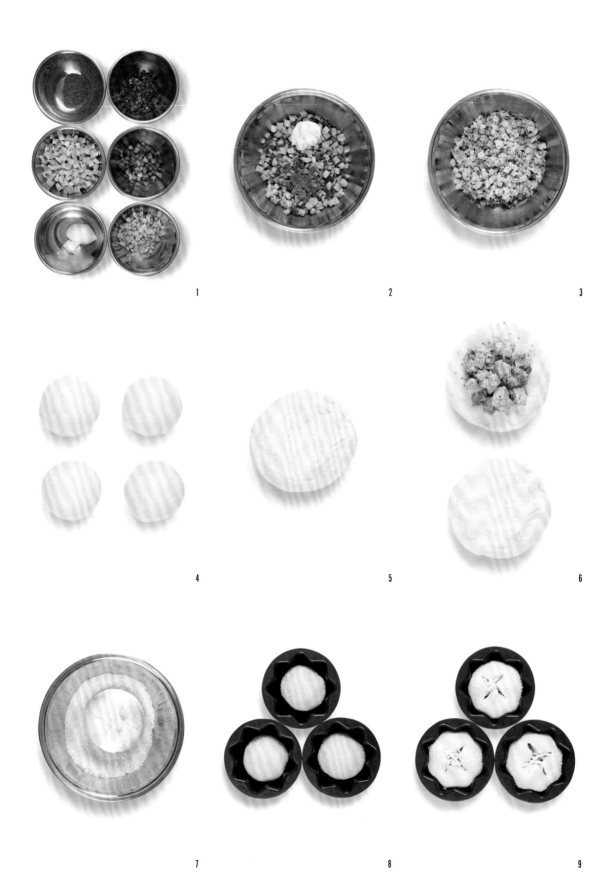

培根笋尖面包

材料（可制作10个）

软法面团　900克

新鲜芦笋　40克

培根　30克

黑胡椒粉　适量

蛋液　适量

马苏里拉芝士碎　适量

橄榄油　适量

制作方法

1. 从冷藏冰箱中取出提前做好的软法面团，分割成30克一个，放置备用。

2. 将面团表面蘸面粉，用擀面杖擀成椭圆形面皮。

3. 翻面拉扯成长15厘米、宽10厘米的长方形，底部收口，沿长边卷起。

4. 每三条一组，分别搓成中间粗两边细的条形，长约13厘米。

5. 将三个长条形面团像编麻花辫一样进行编制。

6. 编完后，放入烤盘，然后放入醒发箱（温度30℃，湿度80%）醒发40~50分钟。

7. 将新鲜芦笋去皮切成条，放入沸水中煮至再次沸腾后捞出备用；在培根表面均匀地撒上黑胡椒粉，然后放入烤箱烘烤5分钟拿出备用。

8. 在醒发好的面团表面均匀地刷上蛋液，然后将笋尖与培根互相缠绕，放在面团表面的中间。

9. 在培根表面放马苏里拉芝士碎，上火230℃，下火190℃，烘烤12分钟，烤好后在表面刷一层薄薄的橄榄油即可。

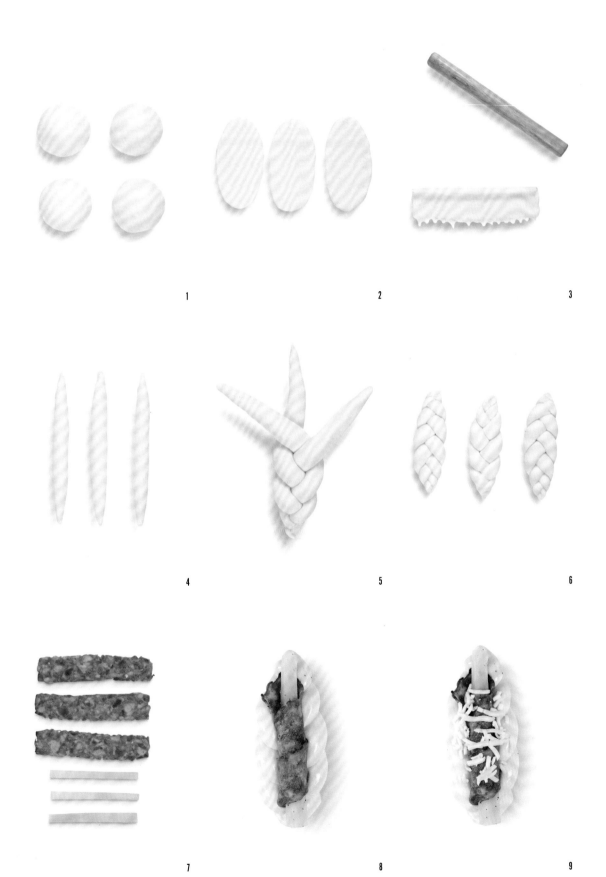

培根笋尖面包

葱之恋

材料（可制作18个）

青葱酱

青葱　300克

全蛋　50克

黑胡椒粉　5克

培根　200克

其他

日式面团　1080克

蛋液　适量

橄榄油　适量

制作方法

1. 将青葱洗净控水，葱白与葱叶切开，葱叶切碎备用；培根切小丁然后挤干水。

2. 将青葱碎、培根丁和黑胡椒粉混合。

3. 加入全蛋。

4. 搅拌均匀，放置备用。

5. 从冷藏冰箱中取出提前做好的日式面团，分割成120克一个，将面团表面蘸面粉，对折成长条形。

6. 用擀面杖擀成长条形，翻面，底部收口为长32厘米、宽6厘米。

7. 在每个长条形面皮上均匀铺好约60克青葱酱。

8. 从短边卷起，然后从中间一切为二。

9. 横截面朝上，放入4寸汉堡模具中，然后放入醒发箱（温度30℃，湿度80%）醒发50~60分钟。在醒发好的面团表面均匀地刷上蛋液，上火220℃，下火180℃，烘烤12分钟。烤好后在表面刷橄榄油即可。

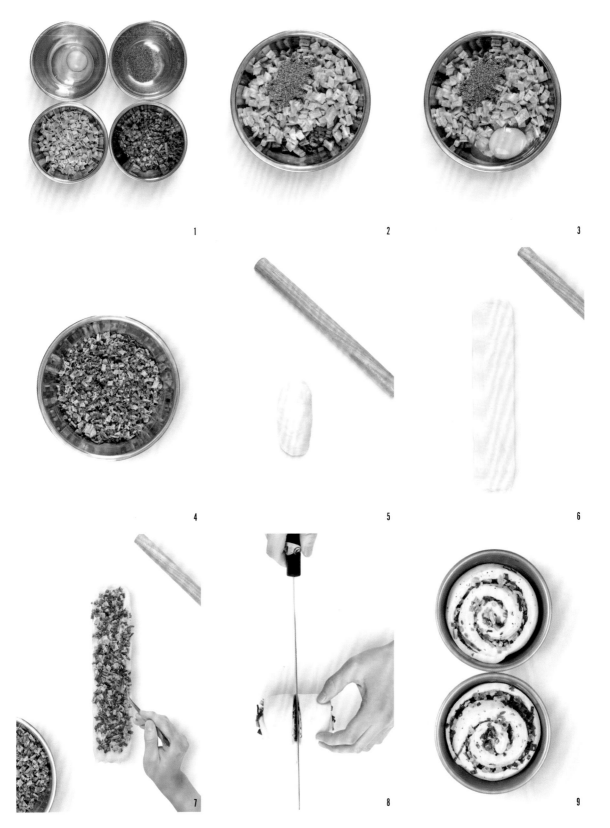

诺亚方舟

材料（可制作24个）

金枪鱼馅
金枪鱼　450克

洋葱碎　200克

黑胡椒粉　5克

沙拉酱　200克

其他
软法面团　1440克

蛋液　适量

芝士粉　适量

沙拉酱　240克

马苏里拉芝士碎　192克

香肠　360克

橄榄油　适量

制作方法

1 将制作金枪鱼馅的材料称好放置备用，把金枪鱼罐头里的水完全挤干，取450克金枪鱼。

2 将金枪鱼和黑胡椒粉混合。

3 加入洋葱碎。

4 加入沙拉酱，搅拌均匀，放入盆中冷藏备用。

5 从冷藏冰箱中取出提前做好的软法面团，分割成60克一个，表面蘸面粉，用擀面杖擀成直径13厘米的圆形面皮。

6 面皮的一面刷蛋液，蘸芝士粉。

7 将面皮放入4寸汉堡模具中。

8 把提前做好的金枪鱼馅装入裱花袋，每个面内中挤入约25克，并放入醒发箱（温度30℃，湿度80%）醒发40~50分钟。

9 将醒好的面团取出，在金枪鱼馅部分挤10克沙拉酱，然后放8克马苏里拉芝士碎，并在面团的侧面放两个半片香肠（共15克）。放入烤箱，上火230℃，下火200℃，烘烤12分钟，烤好后在表面刷一层薄薄的橄榄油即可。

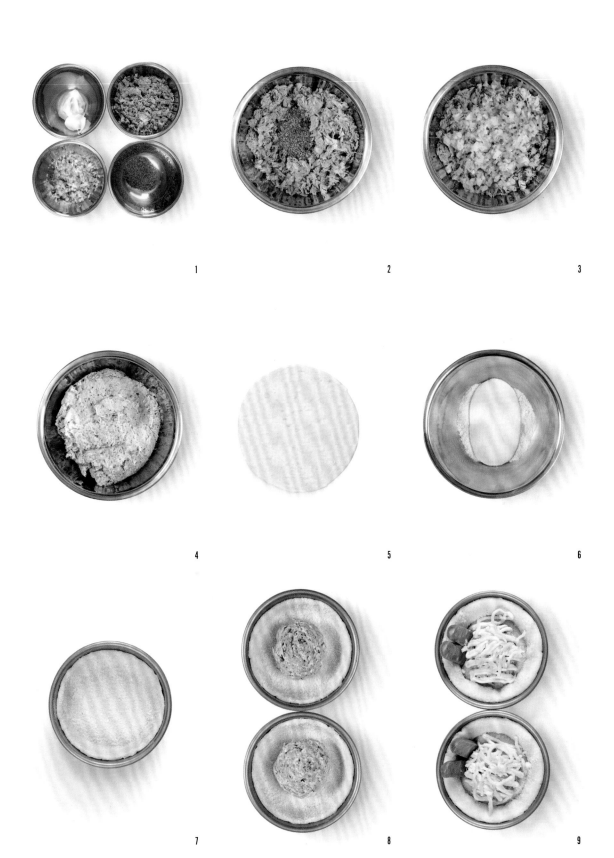

◎ 紫薯香芒

紫薯香芒

材料（可制作10个）

芒果果冻
宝茸芒果果泥　160克

肯迪雅稀奶油　60克

玉米淀粉　20克

幼砂糖　50克

全蛋　50克

紫薯酥皮
王后精制低筋面粉　250克

肯迪雅乳酸发酵黄油　220克

幼砂糖　100克

杏仁粉　40克

紫薯粉　35克

全蛋　50克

其他
布里欧修面团　700克

防潮糖粉　适量

制作方法

1　将制作芒果果冻的材料称好放置备用。

2　把全蛋和玉米淀粉混合，搅拌均匀至没有颗粒。把稀奶油、幼砂糖和芒果果泥放到煮锅里，加热至冒小泡的状态，然后离火，加入全蛋和玉米淀粉的混合液，边加边搅拌。

3　搅拌均匀后，再次用小火一边搅拌一边加热至浓稠。煮好后，装入裱花袋，挤到直径4厘米的半球形硅胶模具中，放到冷冻冰箱冻硬备用。

4　将制作紫薯酥皮的材料称好放置备用。

5　把黄油和幼砂糖混合搅拌均匀；加入全蛋，搅拌均匀；加入紫薯粉、低筋面粉和杏仁粉，搅拌均匀成团。

6　将步骤5的面团用两张烘焙油纸包起来，用擀面杖擀成1毫米厚的长方形面皮，放入冷冻冰箱冻硬。

7　冻硬后取出，用直径10厘米和直径4厘米的钢圈模具化压好形状，再放回冷冻冰箱里冻硬备用。

8　将提前做好的布里欧修面团取出，分割成70克一个，滚圆，放在烤盘上，密封放入冷藏冰箱松弛30分钟。

9　面团松弛好后取出，用擀面杖擀成直径9厘米的圆形面皮。

10　用铁刮板把步骤9的面皮均匀地切成八等份，中心留出直径约2厘米的圆形不用完全切断，把面皮光滑的一面朝上，放入4寸汉堡模具里，均匀地摆放在烤盘上，然后放入醒发箱（温度30℃，湿度80%）醒发60分钟，醒发好后，面团约到模具的七分满。

11　将步骤7冻好的紫薯酥皮取出，去掉中间的小圆形。步骤10的面团醒发好后，在表面盖一张刻好的圆环形紫薯酥皮。

12　将步骤3冻好的芒果果冻脱模，将平整的一面朝下，放在紫薯酥皮的空心处，轻轻往下按压，果冻的圆弧面朝上。放入烤箱，上火190℃，下火180℃，烘烤15分钟。烤好后脱模，转移到网架上冷却。等完全降温后，在面包表面用模板筛上防潮糖粉装饰即可。

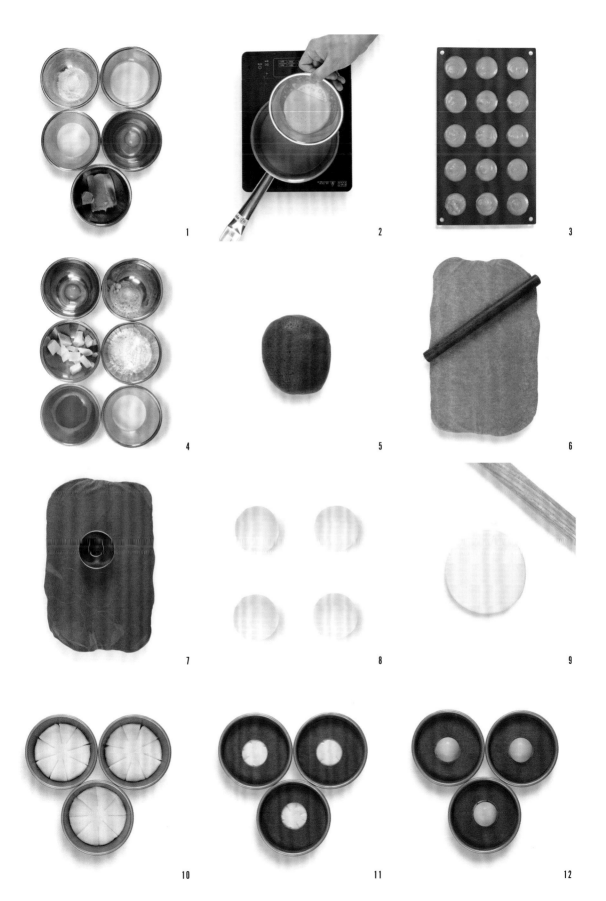

肉桂提子卷

材料（可制作10个）

肉桂馅
肯迪雅乳酸发酵黄油　50克

幼砂糖　50克

全蛋　50克

肉桂粉　15克

杏仁粉　65克

其他
布里欧修面团　500克

提子干　30克

蛋液　适量

杏仁片　适量

制作方法

1. 将制作肉桂馅的材料称好放置备用。

2. 把幼砂糖和黄油混合，软化并搅拌均匀，加入全蛋再次搅拌均匀，接着把杏仁粉和肉桂粉加进去，完全搅拌均匀。

3. 将提前准备好的布里欧修面团取出，滚圆，放在烤盘上，密封放入冷藏冰箱里松弛30分钟。

4. 面团松弛好后取出，用擀面杖擀成长30厘米、宽20厘米的长方形面皮。然后把面皮翻面。

5. 在面皮上挤200克步骤2的肉桂馅，用抹刀涂抹均匀，再均匀地撒上30克提子干。

6. 沿短的一边把面皮卷起，揉搓均匀成长30厘米的圆柱，两端粗细保持一致。

7. 用刀把步骤6的圆柱面团均匀地切成厚度为3厘米的块。

8. 把面团的切面朝上，均匀摆放在烤盘上，放入醒发箱（温度30℃，湿度80%）醒发70分钟。

9. 面团醒发好后，在表面均匀地刷一层蛋液，再撒上一些杏仁片。放入烤箱，上火190℃，下火170℃，烘烤13分钟，烤好后脱模，转移到网架上冷却即可。

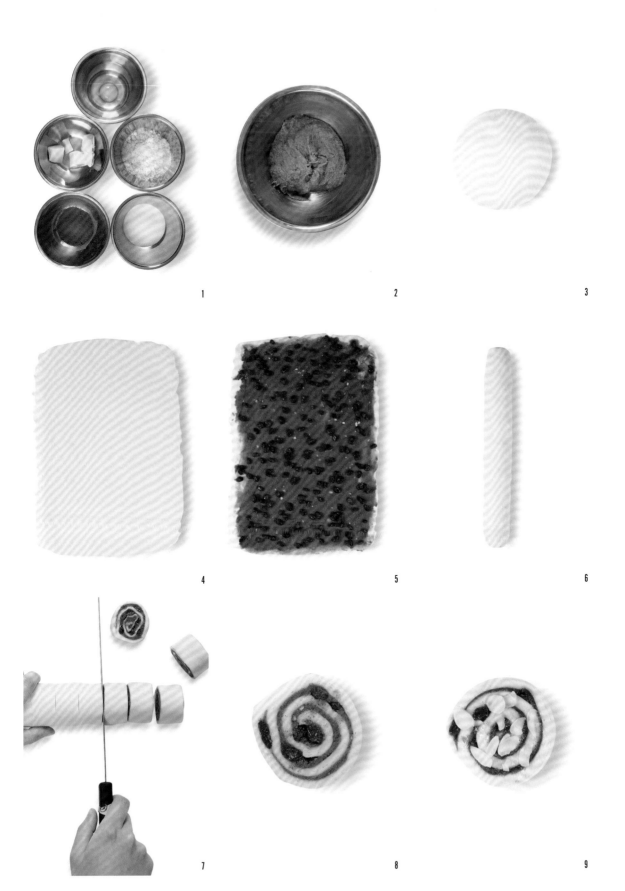

© 肉桂提子卷

© 焦糖布里欧修

焦糖布里欧修

材料（可制作10个）

巧克力杏仁饼干

王后精致低筋面粉　255克

肯迪雅乳酸发酵黄油　150克

糖粉　100克

盐　1克

全蛋　50克

可可粉　20克

杏仁粉　50克

焦糖酱

肯迪雅稀奶油　50克

幼砂糖　100克

其他

布里欧修面团　350克

巧克力布里欧修面团　350克

脱模油　适量

糖粉　适量

巧克力小花　10个

制作方法

1 将制作巧克力杏仁饼干的材料称好放置备用。

2 将黄油、糖粉、盐混合，打至发白状态，然后加入蛋液搅拌均匀，最后加入低筋面粉、可可粉和杏仁粉搅拌均匀，放在烘焙油布上，用擀面杖擀成3毫米厚，用直径10厘米的菊花边刻模压出10个月牙形，放入烤箱，160℃烘烤12分钟，取出冷却备用。

3 将制作焦糖酱的材料称好放置备用。

4 将幼砂糖放入厚底锅中，小火烧化成焦糖色，然后关火，加入稀奶油，搅拌均匀，放在盆中冷藏备用。

5 从冷藏冰箱中取出提前做好的布里欧修面团和巧克力布里欧修面团，分别分割成35克一个，放置备用。

6 将两种面团表面蘸少许面粉（配方用量外），用擀面杖擀成长15厘米、宽12厘米的长方形，翻面，底部收口，沿长边卷成12厘米的长条。

7 将步骤6的两根长条形面团搓长至18厘米，互相缠绕。

8 在4寸咕咕霍夫模具里喷一层脱模油，挤入15克步骤4的焦糖酱。

9 将步骤7的面团两头接起成甜甜圈形，放入模具，并放入醒发箱（温度30℃，湿度80%）醒发约50分钟，醒发好的面团表面盖烘焙油布，并压上烤盘。放入烤箱，上火220℃，下火190℃，烘烤12~15分钟。烤好后取出冷却，表面放步骤2的巧克力杏仁饼干，撒上糖粉，装饰上巧克力小花即可。

熔岩巧克力

材料（可制作30个）

巧克力酱
肯迪雅稀奶油　200克

柯氏51%牛奶巧克力　200克

麻薯
肯迪雅乳酸发酵黄油　36克

幼砂糖　108克

糯米粉　252克

牛奶　432克

玉米淀粉　75克

巧克力酥粒
肯迪雅乳酸发酵黄油　250克

王后精致低筋面粉　350克

可可粉　50克

糖粉　175克

奶粉　100克

其他
巧克力布里欧修面团　1800克

蛋液　适量

糖粉　适量

杏仁粒　60颗

制作方法

1 将制作巧克力酱的材料称好放置备用。

2 巧克力与稀奶油混合，隔水加热至化开后倒入直径4厘米的硅胶模具中，然后放入冷冻冰箱中备用。

3 将制作麻薯的材料称好放置备用。

4 将牛奶与幼砂糖混合，搅拌至幼砂糖化开，加入糯米粉、玉米淀粉搅拌均匀，放在电磁炉上蒸熟至不流动的状态，然后加入黄油。

5 把黄油全部揉进去，用保鲜膜包裹放置备用。

6 将制作巧克力酥粒的材料称好放置备用。

7 黄油软化后加入糖粉、可可粉、奶粉和低筋面粉，搅拌均匀，放在盆中冷冻存储。

8 将步骤5做好的麻薯分为约30克一个，揉圆，按扁；把步骤2做好的巧克力酱从冷冻冰箱中取出，把巧克力酱放在麻薯上包裹好。

9 从冷藏冰箱中取出提前做好的巧克力布里欧修面团，分割成60克一个，放置备用。

10 将面团表面蘸少许面粉（配方用量外），用擀面杖擀成中间厚两边薄的圆形面皮，把步骤8包裹好巧克力酱的麻薯放在面团上。

11 将巧克力布里欧修面团包裹住麻薯，底部收口。

12 表面刷蛋液，蘸巧克力酥粒，放入4寸汉堡模具中，并放入醒发箱（温度30℃，湿度80%）醒发50分钟。放入烤箱，上火220℃，下火190℃，烘烤12~15分钟，烤好后取出冷却，表面撒上糖粉，放2颗杏仁粒即可。

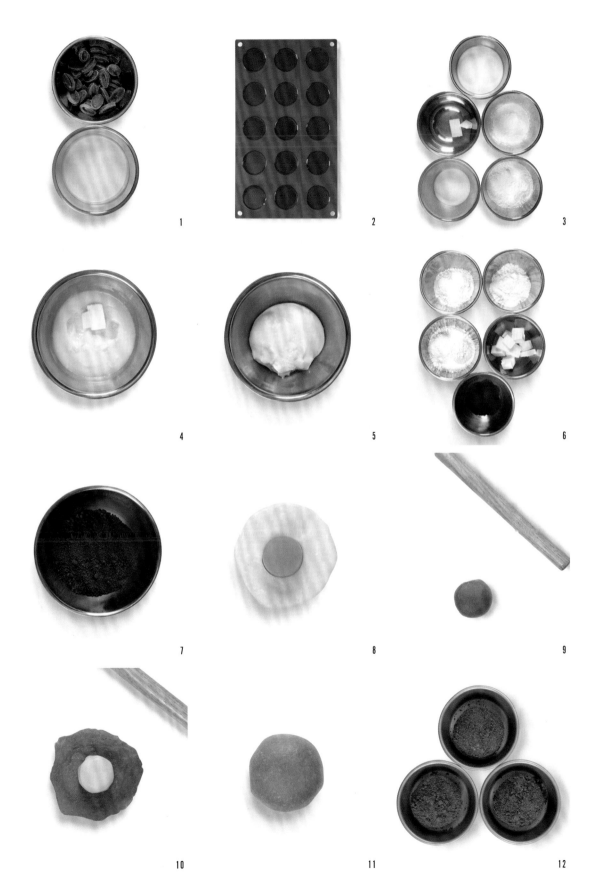

© 熔岩巧克力

特色吐司
系列

南瓜吐司

材料（可制作8个）

南瓜馅
肯迪雅乳酸发酵黄油　35克
日本南瓜　525克
玉米淀粉　35克
幼砂糖　87克

南瓜吐司面团
王后柔风甜面包粉　1000克
肯迪雅乳酸发酵黄油　80克
幼砂糖　150克
奶粉　30克
鲜酵母　35克
牛奶　100克
全蛋　100克
南瓜泥　250克
水　300克
盐　16克

其他
蛋液　适量
南瓜子　80克

制作方法

1　将制作南瓜馅的材料称好放置备用。
2　将日本南瓜削皮放入锅中蒸熟，移入面缸中，加入幼砂糖、黄油、玉米淀粉，搅拌均匀放入盆中备用。
3　将制作南瓜吐司面团的材料称好放置备用。
4　幼砂糖与水混合，搅拌至幼砂糖完全化开。与面包粉、奶粉、鲜酵母、牛奶、全蛋、南瓜泥一起加入面缸中，慢速搅拌至无干粉、无颗粒，加入盐。
5　待盐完全融入面团，快速搅拌至面筋扩展阶段，此时面筋具有弹性及良好的延展性，并能拉出较好的面筋膜，面筋膜表面光滑、较厚、不透明，有锯齿。
6　加入黄油，慢速搅拌均匀，转快速搅拌至面筋完全扩展阶段，此时面筋能拉开大片面筋膜且面筋膜薄，能清晰看到手指纹，无锯齿。
7　取出面团规整外形，盖上保鲜膜放在室温下发酵40～50分钟，然后冷藏45分钟。
8　取出冷藏的面团，分割成约250克一个，揉圆，放置备用。
9　将面团表面微微蘸面粉（配方用量外），用擀面杖擀成长22厘米、宽14厘米的长方形面皮，翻面。
10　在步骤9的面皮上均匀铺80克步骤2的南瓜馅。
11　将面团沿长边对折，用面刀切出宽约1.5厘米的长条，如图示扭成麻花形，切记另一端不要切断。
12　最后卷起放入250克的吐司模具中，并放入醒发箱（温度30℃，湿度80%）醒发50～80分钟。醒发好后表面刷蛋液，每个面包上撒约10克南瓜子，放入烤箱，上火210℃，下火190℃，烘烤20分钟即可。

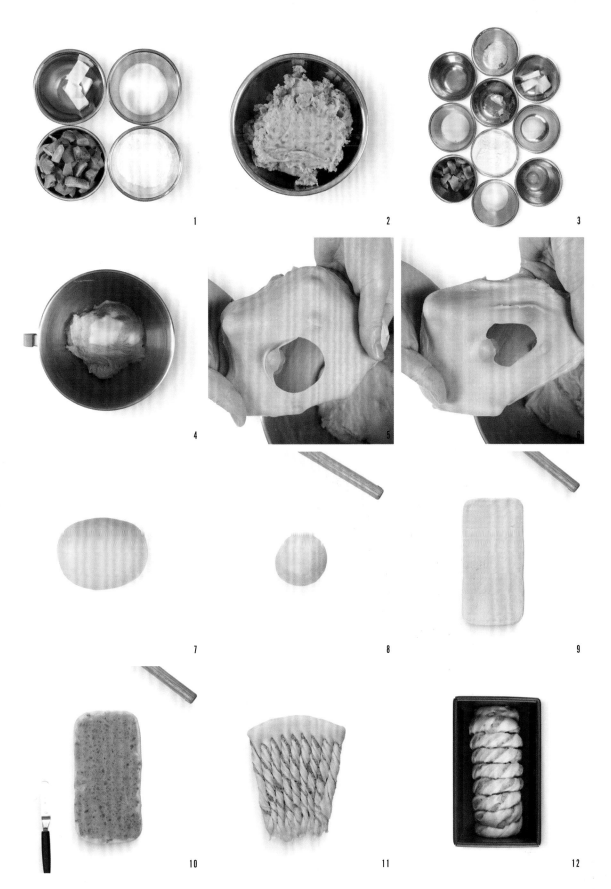

© 日式生吐司

日式生吐司

材料（可制作8个）

中种面团

王后柔风甜面包粉　500克

鲜酵母　5克

牛奶　400克

主面团

王后柔风甜面包粉　500克

肯迪雅乳酸发酵黄油　100克

肯迪雅稀奶油　150克

幼砂糖　100克

蜂蜜　50克

鲜酵母　28克

奶粉　20克

水　250克

盐　16克

制作方法

1　将制作中种面团的材料称好放置备用。

2　把鲜酵母加入牛奶中，搅拌至化开，加入面包粉，慢速搅拌成团至没有干粉。

3　把搅拌好的中种面团密封放在30℃的环境下发酵2个小时。

4　将制作主面团的材料称好放置备用。

5　把蜂蜜、水、面包粉、奶粉、鲜酵母和幼砂糖倒入面缸，慢速搅拌成团至没有干粉，成团后加入盐和步骤3发酵好的中种面团。

6　继续慢速搅拌均匀然后转快速搅拌至七成面筋，此时表面能拉出粗糙的厚膜，孔洞边缘处带有稍小的锯齿。

7　加入在室温下软化至膏状黄油，先慢速搅拌至黄油与面团融合，再转快速搅拌至十成面筋，此时表面能拉出光滑的薄膜，孔洞边缘处光滑无锯齿。

8　取出面团，把表面收整光滑成球形。面团温度控制在22~25℃，把面团放在26~28℃的环境下基础发酵40分钟。

9　发酵好后取出，分割成约125克一个，滚圆，放在常温下（24~28℃）松弛30分钟。

10　面团松弛好后取出，用擀面杖擀成长35厘米、宽8厘米的长条，翻面。

11　把面团按图示卷起成圆柱状。

12　把步骤11整形好的面团两个一组，光滑面朝上放入200克的水立方吐司模具中，放入醒发箱（温度30℃，湿度80%）醒发60~70分钟。醒发好后，约到吐司模具七分满。盖上吐司盖，放入烤箱（不带烤盘），上火250℃，下火200℃，烘烤约22分钟。烤好后取出，振动模具，打开盖子，把吐司倒出放在网架上冷却即可。

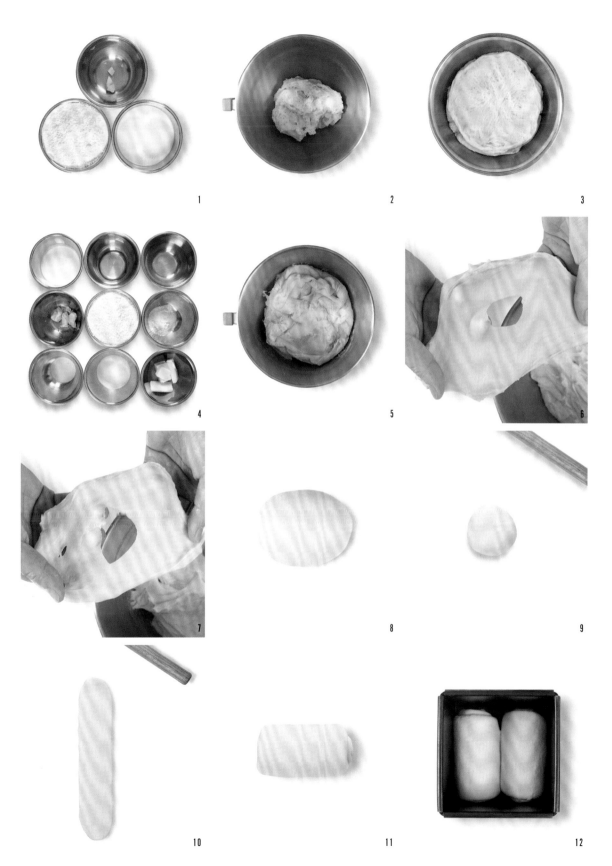

日式牛奶吐司

材料（可制作4个）

王后柔风甜面包粉　1000克

肯迪雅乳酸发酵黄油　80克

幼砂糖　150克

鲜酵母　35克

奶粉　20克

牛奶　580克

全蛋　100克

蛋黄　60克

蜂蜜　20克

盐　15克

制作方法

1 所有材料称好放置备用。

2 将面包粉、奶粉、鲜酵母、全蛋、蛋黄和蜂蜜放入面缸中。幼砂糖与牛奶混合，搅拌至幼砂糖完全化开，倒入面缸中，慢速搅拌至无干粉、无颗粒，加入盐。

3 待盐完全融入面团，快速搅拌至面筋扩展阶段，此时面筋具有弹性及良好的延展性，并能拉出较好的面筋膜，面筋膜表面光滑、较厚、不透明，有锯齿。

4 把准备好的黄油加入。慢速搅拌均匀后转快速搅拌至面筋完全扩展阶段，此时面筋能拉开大片面筋膜且面筋膜薄，能清晰看到手指纹，无锯齿。

5 取出面团规整外形，盖上保鲜膜放在室温下发酵40~50分钟，再分割成约170克一个，每三个一组，预整形为长条形，放置冷藏备用。

6 从冷藏中取出面团放置备用。将面团表面微微蘸面粉（配方用量外），用擀面杖擀成长35厘米、宽8厘米的长条形，翻面。

7 再将擀好的面团如图示从短边卷起。

8 将卷好的面团每三个一组并排放入450克的吐司模具中，放入醒发箱（温度30℃，湿度80%）醒发60~80分钟。

9 醒发好的面团用剪刀剪出刀口，刀口处挤上黄油（配方用量外）。放入烤箱，上火180℃，下火230℃，烘烤25分钟即可。

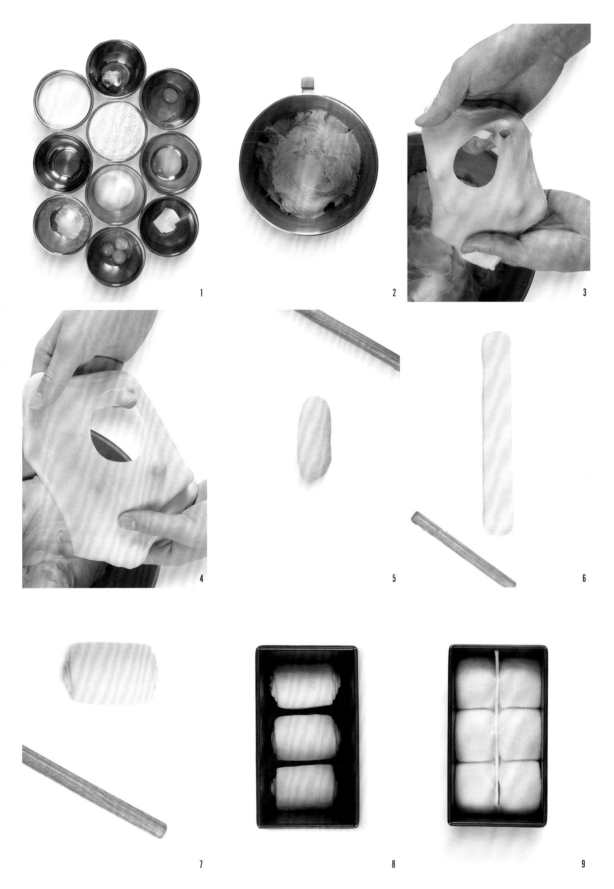

© 日式牛奶吐司

全麦吐司

全麦吐司

材料（可制作4个）

王后柔风甜面包粉　700克

王后特制全麦粉　300克

肯迪雅乳酸发酵黄油　100克

肯迪雅稀奶油　250克

幼砂糖　130克

鲜酵母　35克

蜂蜜　20克

奶粉　25克

牛奶　180克

水　400克

盐　16克

制作方法

1 所有材料称好放置备用。

2 把牛奶、蜂蜜、水、稀奶油和幼砂糖加入全麦粉中，浸泡30分钟。这样能够软化全麦粉的颗粒，让口感更柔软。全麦粉浸泡好后，加入面包粉、鲜酵母和奶粉。使用打面机把面团慢速搅拌成团至没有干粉。面团成团后，加入盐。

3 把面团用慢速继续搅拌至七成面筋，此时能拉出表面粗糙的厚膜，孔洞边缘处带有稍小的锯齿。

4 加入室温软化至膏状的黄油。先慢速搅拌至黄油与面团融合，再转快速把面团搅拌至十成面筋，此时能拉出表面光滑的薄膜，孔洞边缘处光滑无锯齿。

5 取出面团，把表面收整光滑成球形。面团温度控制在22~25℃，然后把面团放在26~28℃的环境下基础发酵40分钟。发酵好后取出，分割成510克一个，滚圆，放置在24~28℃的环境下松弛30分钟。

6 面团松弛好后取出，用擀面杖擀成长40厘米、宽15厘米的长条，然后翻面并旋转90°。

7 把面团从右往左折2/5。

8 把面团从左往右折1/5。

9 把面团从中间再次对折，整成橄榄形长条，压紧接口。

10 把整形好的面团光滑面朝上放入450克的吐司模具中，放入醒发箱（温度30℃，温度80%）醒发90~120分钟，醒发好后，约到吐司模具九分满。然后放入烤箱，上火160℃，下火230℃，不带烤盘，烘烤约26分钟。出炉后，振动模具，把吐司倒出放在网架上冷却即可。

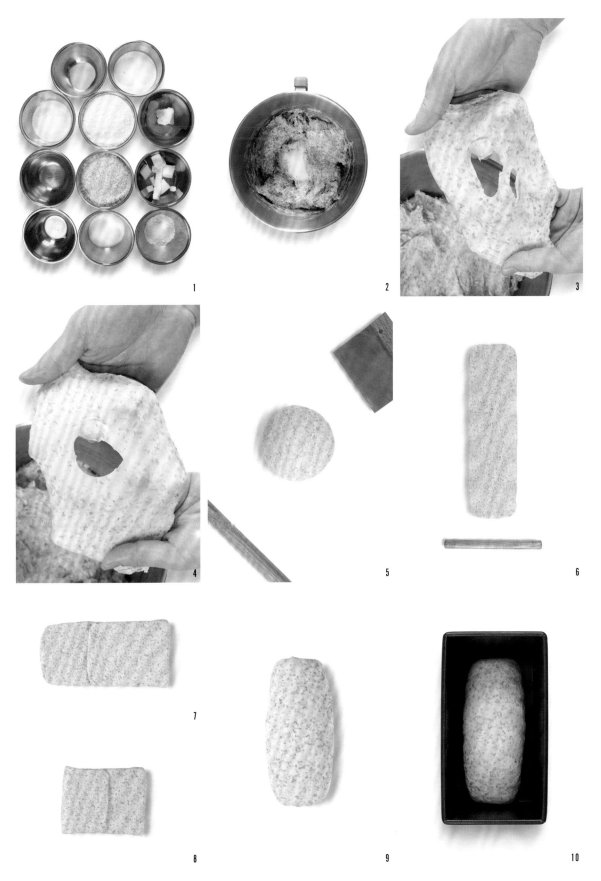

巧克力勃朗峰吐司

材料（可制作4个）

巧克力馅
牛奶　200克

卡仕达粉　70克

柯氏51%牛奶巧克力　80克

中种面团
王后柔风甜面包粉　500克

幼砂糖　20克

鲜酵母　5克

水　350克

主面团
王后柔风甜面包粉　500克

肯迪雅乳酸发酵黄油　80克

肯迪雅稀奶油　200克

日式烫种　200克

幼砂糖　80克

奶粉　20克

鲜酵母　30克

全蛋　100克

牛奶　100克

可可粉　30克

盐　15克

其他
蛋液　适量

巧克力酥粒（见P106）　适量

制作方法

1 将制作巧克力馅的材料称好放置备用。

2 把牛奶与卡仕达粉混合搅拌均匀成卡仕达酱。巧克力隔水加热至化开后加入搅拌好的卡仕达酱中，搅拌均匀后放置备用。

3 将制作中种面团和主面团的材料称好放置备用。将制作中种面团的材料混合搅拌至无干粉无颗粒，放入盆中，室温发酵2小时，冷藏隔夜备用。

4 将面包粉、奶粉、鲜酵母、全蛋、稀奶油和可可粉放入面缸中。幼砂糖与牛奶混合，搅拌至幼砂糖完全化开后倒入面缸中，慢速搅拌至无干粉、无颗粒。加入盐、日式烫种、中种面团。

5 待盐完全融入面团，快速搅拌至面筋扩展阶段，此时面团具有弹性及良好的延展性，并能拉出较好的面筋膜，面筋膜表面光滑、较厚、不透明，有锯齿。

6 加入黄油，待黄油与面团搅拌均匀后转快速搅拌至面筋完全扩展阶段，此时面筋能拉开大片面筋膜且面筋膜薄，能清晰看到手指纹，无锯齿。

7 取出面团规整外形，盖上保鲜膜放在室温下发酵40～50分钟，再分割成510克一个，揉圆，放置冷藏备用。

8 从冷藏中取出面团放置备用，将面团表面微微蘸面粉（配方用量外），用擀面杖擀成长28厘米、宽20厘米的长方形，翻面，底部收口。

9 将步骤2提前做好的巧克力馅装入裱花袋，在面团上挤出80克并涂抹均匀。

10 由左到右将面团卷起，接口处朝上，用牛角刀一切为二，底部不要切断，然后互相缠绕。

11 将整形好的巧克力勃朗峰吐司面团放入450克的吐司模具中，并放入醒发箱（温度30℃，湿度80%）醒发60～80分钟。

12 醒发好的面团表面均匀地刷上蛋液，撒上巧克力酥粒，上火200℃，下火230℃，烘烤约27分钟即可。

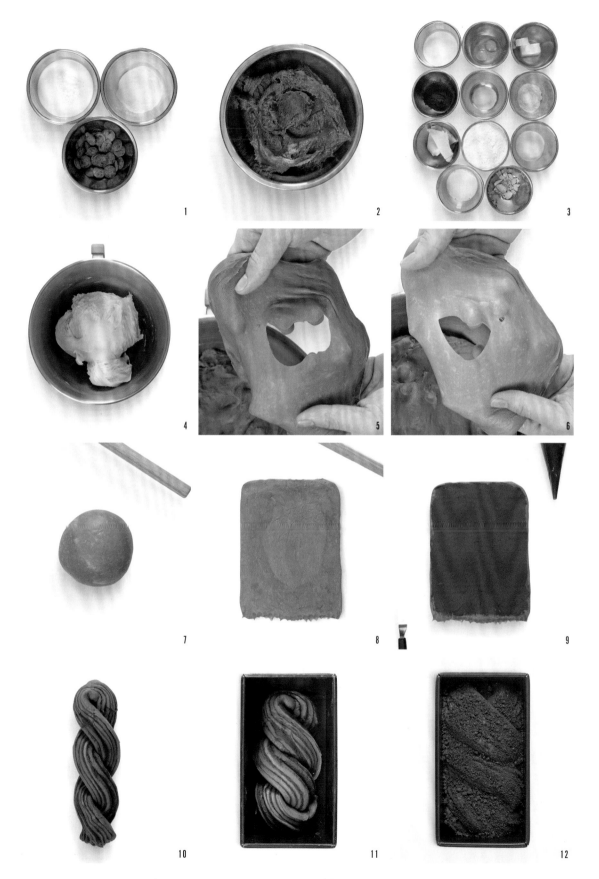

◎ 巧克力勃朗峰吐司

布里欧修吐司

材料（可制作1个）

布里欧修面团　240克
蛋液　适量
烘焙装饰糖粒　适量

制作方法

1　取240克提前做好的布里欧修面团，分割成80克一个，滚圆，摆放在烤盘上，密封放入冷藏冰箱（2~5℃）松弛30分钟。

2　面团松弛好后，用擀面杖擀成长20厘米、宽12厘米的长条，翻面，沿着长边卷起成橄榄形的长条，最终长度搓至30厘米。

3　三个面团为一组，先把两条面团光滑面朝上从中间处交叉重叠，然后把第三条叠放在最上方。

4　从右边开始，依次从两边把面团往中间搭，力度大小要一致。面团接口要压在底部。

5　编至面团尾部时，把面团捏紧在一起。编完一边后，用同样的操作手法，编完另一边，同样捏紧尾部。

6　把编好的面团，光滑面朝上，两边接口处用擀面杖擀薄压到底部。

7　把整形好的面团正面朝上放入250克的吐司模具中，放入醒发箱（温度30℃，湿度80%）醒发100~120分钟。

8　醒发好后，约到吐司模具七分满。表面用毛刷均匀刷一层蛋液，撒上烘焙装饰糖粒，放入烤箱，上火150℃，下火230℃，不带烤盘，烘烤约25分钟。烤好后取出，振动模具，把吐司倒出模具，放在网架上冷却即可。

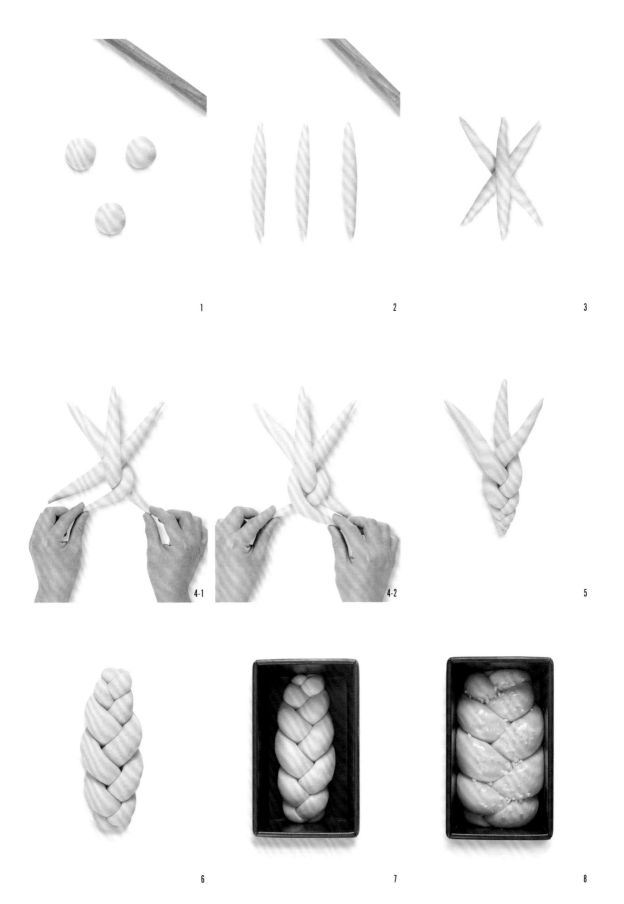

1   2   3

4-1   4-2   5

6   7   8

椰香吐司

材料（可制作8个）

椰蓉馅
肯迪雅乳酸发酵黄油　150克

糖粉　100克

蛋黄　150克

奶粉　30克

椰蓉　130克

主面团
王后柔风甜面包粉　1000克

肯迪雅乳酸发酵黄油　100克

宝茸椰子果泥　150克

鲜酵母　35克

幼砂糖　100克

奶粉　25克

全蛋　100克

牛奶　300克

水　200克

盐　18克

其他
蛋液　适量

防潮糖粉　适量

制作方法

1 将制作椰蓉馅的材料称好放置备用。

2 黄油隔水软化，加入糖粉打发。加入蛋黄，搅拌均匀。

3 加入奶粉、椰蓉，搅拌均匀，放置备用。

4 将制作主面团的材料称好放置备用。

5 将面粉、奶粉、鲜酵母、牛奶、全蛋、椰子果泥放入面缸中，幼砂糖与水混合，搅拌至幼砂糖完全
化开后倒入面缸中，慢速搅拌至无干粉、无颗粒，加入盐。

6 待盐完全融入面团，快速搅拌至面筋扩展阶段，此时面筋具有弹性及良好的延展性，并能拉出较好的
面筋膜，面筋膜表面光滑、较厚、不透明，有锯齿。

7 加入黄油，慢速搅拌均匀后转快速搅拌至面筋完全扩展阶段，此时面筋能拉开大片面筋膜且面筋膜
薄，能清晰看到手指纹，无锯齿。

8 取出面团规整外形，盖上保鲜膜放在室温下发酵40～50分钟，发酵好后分割成250克一个，揉圆，放
置冷藏备用。

9 取出面团，将面团表面微微蘸面粉（配方用量外），用擀面杖擀成长22厘米、宽14厘米的长方形，翻
面，均匀地抹上70克提前准备好的椰蓉馅。

10 将面团从长边卷起，用手微微压扁，面团两头各切两刀，面团中间留约3厘米不要切断。

11 如图示将切开的面团两头并拢成U形。

12 从U形底部卷起后放入250克的吐司模具中，并放入醒发箱（温度30℃，湿度80%）醒发60～80分
钟。醒发好后表面刷蛋液，放入烤箱，上火160℃，下火240℃，烘烤约25分钟，出炉冷却后，在表
面筛防潮糖粉装饰即可。

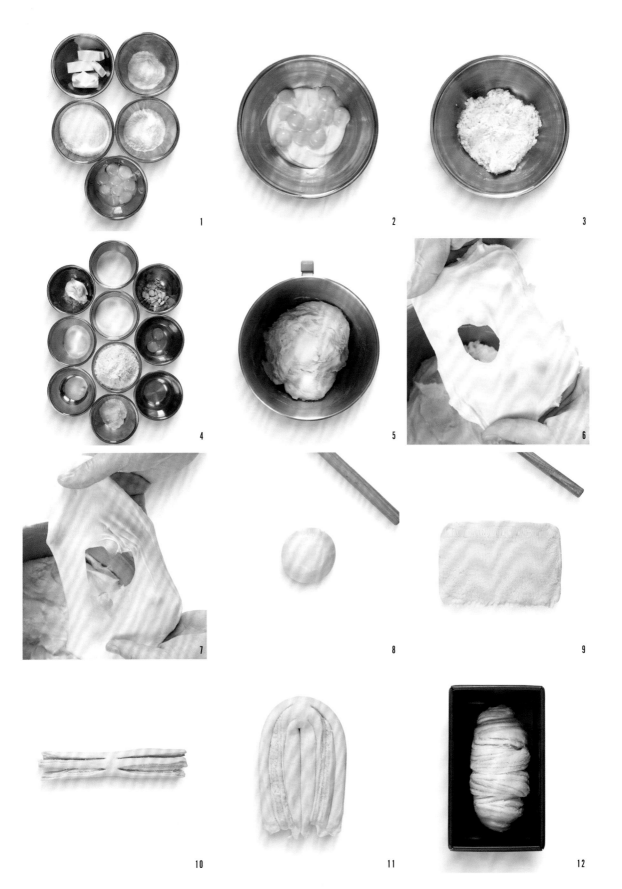

椰香吐司

© 黑芝麻吐司

黑芝麻吐司

材料（可制作4个）

黑芝麻馅
肯迪雅乳酸发酵黄油　60克

黑芝麻粉　165克

糖粉　65克

全蛋　50克

主面团
王后柔风甜面包粉　1000克

肯迪雅乳酸发酵黄油　120克

日式烫种　150克

幼砂糖　150克

鲜酵母　35克

奶粉　30克

全蛋　100克

牛奶　220克

水　300克

盐　18克

制作方法

1 将制作黑芝麻馅的材料称好放置备用。

2 黄油隔水软化，加入糖粉打发。加入全蛋，搅拌均匀。

3 加入黑芝麻粉，搅拌均匀，放置备用。

4 将制作主面团的材料称好放置备用。

5 将面包粉、奶粉、鲜酵母、牛奶、全蛋放入面缸中。幼砂糖与水混合，搅拌至幼砂糖完全化开后倒入面缸中，慢速搅拌至无干粉，无颗粒，加入盐。

6 待盐完全融入面团，快速搅拌至面筋扩展阶段，此时面筋具有弹性及良好的延展性，并能拉出较好的面筋膜，面筋膜表面光滑、较厚、不透明，有锯齿。

7 加入黄油，慢速搅拌均匀后转快速搅拌至面筋完全扩展阶段，此时面筋能拉开大片面筋膜且面筋膜薄，能清晰看到手指纹，无锯齿。

8 取出面团规整外形，盖上保鲜膜放在室温下发酵40~50分钟，将发酵好的面团分割510克一个，揉圆，放置冷藏备用。

9 取出面团，将面团表面微微蘸粉，用擀面杖擀成长22厘米、宽14厘米的长方形，翻面，均匀地抹上80克提前准备好的黑芝麻馅。

10 将面团从短边卷起，用手微微压扁，将面团一切为二，留一端不要切断。

11 然后将面团互相缠绕如麻花。

12 将麻花形面团放入450克的吐司模具并放入醒发箱（温度30℃，湿度80%）醒发50~80分钟，醒发到九分满时加盖，放入烤箱，上火250℃，下火220℃，烘烤约25分钟即可。

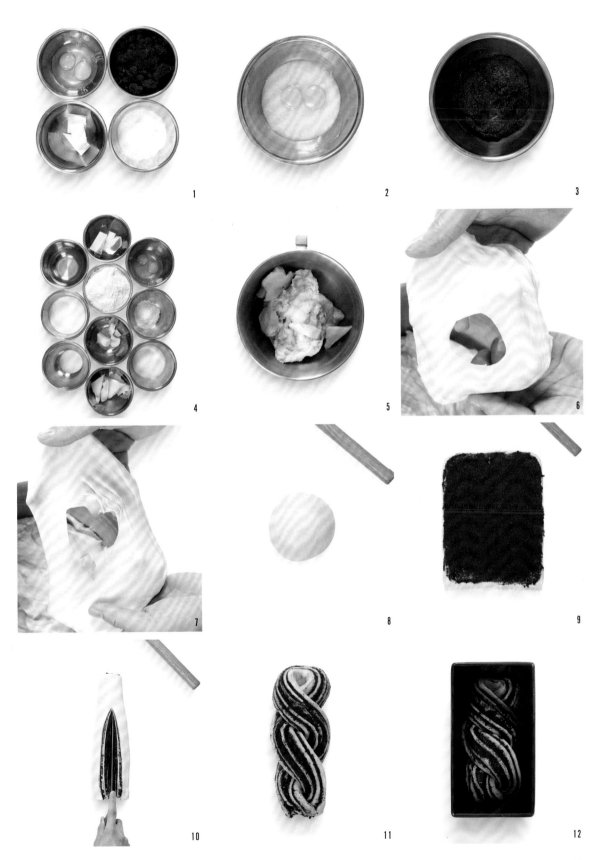

金砖紫薯吐司

材料（可制作4个）

紫薯馅
肯迪雅乳酸发酵黄油　50克

紫薯　350克

幼砂糖　50克

炼乳　50克

主面团
王后柔风甜面包粉　1000克

肯迪雅乳酸发酵黄油　120克

幼砂糖　160克

鲜酵母　35克

奶粉　35克

全蛋　100克

牛奶　120克

水　400克

盐　16克

制作方法

1　将制作紫薯馅的材料称好放置备用。

2　将紫薯削皮蒸熟后加入幼砂糖、炼乳和黄油，搅拌均匀，放在烘焙油布上，擀成长35厘米、宽25厘米的长方形，冷藏备用。

3　将制作主面团的材料称好放置备用。

4　将面包粉、奶粉、鲜酵母、牛奶和全蛋放入面缸中。幼砂糖与水混合，搅拌至幼砂糖完全化开后倒入面缸中，慢速搅拌至无干粉、无颗粒，加入盐。

5　待盐完全融入面团，快速搅拌至面筋扩展阶段，此时面筋具有弹性及良好的延展性，并能拉出较好的面筋膜，面筋膜表面光滑、较厚、不透明，有锯齿。

6　加入黄油，慢速搅拌均匀后转快速搅拌至面筋完全扩展阶段，此时能拉开大片面筋膜且面筋膜薄，能清晰看到手指纹，无锯齿。

7　取出面团规整外形，盖上保鲜膜放在室温下发酵40～50分钟。将发酵好的面团用擀面杖擀成长50厘米、宽35厘米的长方形，放入冰箱冷冻至不软不硬的状态后取出，再把冷藏做好的紫薯馅铺在面团中间部分。

8　将面皮两边折起，把紫薯馅包在中间，接口处互相黏合，然后用刀片把面团左右两边割口。

9　将步骤8的面皮放在开酥机上进行两次3折，再放入冷冻冰箱，冻成不软不硬的状态。

10　将冻好的面团用开酥机开成长45厘米、宽40厘米，然后对折，分割成550克一个，在上面切两刀，不要切断。

11　将面团编成辫子形状，两头折起按压。

12　放入450克的吐司模具中，并放入醒发箱（温度30℃，湿度80%）醒发80～90分钟，醒发到九分满加盖。醒发好后放入烤箱，上火250℃，下火220℃，烘烤约25分钟即可。

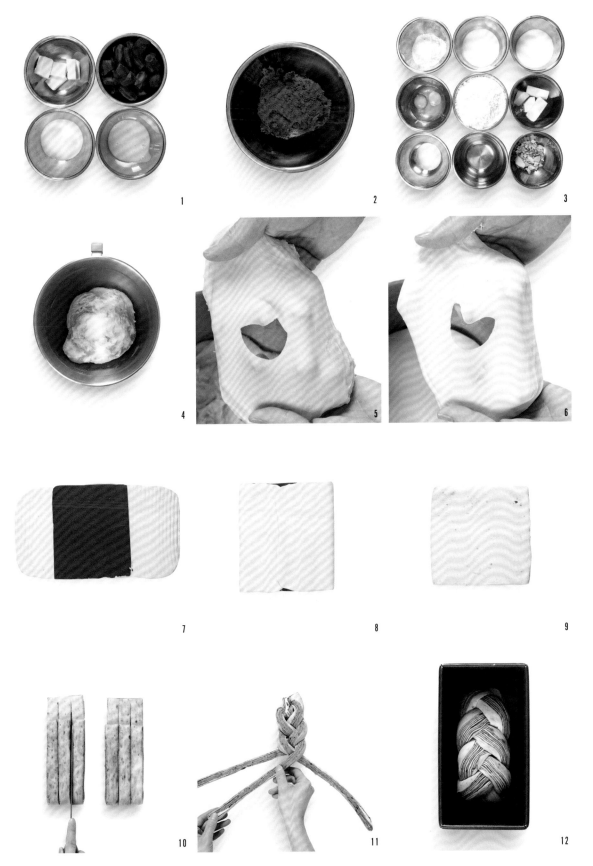

© 金砖紫薯吐司

© 藜麦核桃吐司

藜麦核桃吐司

材料（可制作4个）

中种面团

王后柔风甜面包粉　600克

鲜酵母　5克

水　400克

其他

蛋液　适量

主面团

王后柔风甜面包粉　400克

幼砂糖　150克

鲜酵母　30克

奶粉　20克

全蛋　100克

牛奶　200克

肯迪雅乳酸发酵黄油　100克

盐　16克

核桃碎　100克

藜麦　100克

制作方法

1　将制作中种面团的材料称好放置备用。

2　把鲜酵母先放入水中，用蛋抽搅拌均匀后，再加入面包粉，慢速搅拌成团至没有干粉。把搅拌好的中种面团密封放在30℃的环境下发酵2个小时。

3　发酵好的中种面团，内部充满丰富的网状结构组织，即可拿去使用。

4　将制作主面团的材料称好放置备用（藜麦需要提前用水煮开放凉待用）。

5　把面包粉、奶粉、鲜酵母和全蛋倒入面缸。幼砂糖与牛奶混合，搅拌至幼砂糖完全化开后倒入面缸中，慢速搅拌至没有干粉。

6　面团成团后，加入盐和发酵好的中种面团，慢速继续搅拌均匀然后转快速搅拌至七成面筋，此时能拉出表面粗糙的厚膜，孔洞边缘处带有稍小的锯齿。

7　加入室温软化至膏状的黄油，先慢速搅拌至黄油与面团融合，再转快速把面团搅拌至十成面筋，此时能拉出表面光滑的薄膜，孔洞边缘处光滑无锯齿。

8　加入核桃碎和藜麦，慢速搅拌均匀后取出，把表面收整光滑成球形。面团温度控制在22～25℃，然后把面团放在26～28℃的环境下，基础发酵40分钟。发酵好后取出，分割成500克一个，预整形成球形，密封放在24～28℃的环境下松弛30分钟。

9　面团松弛好后用擀面杖擀成长40厘米、宽14厘米的长方形，翻面，旋转90°。

10　把面团从左右两边各往中间折1/3，然后再次对折，做成橄榄形的长条状，最终长度约15厘米。

11　把整形好的面团光滑面朝上，放入450克的吐司模具中，放入醒发箱（温度30℃，温度80%）醒发80～90分钟，醒发好后，约到吐司模具九分满，在表面均匀地刷　层蛋液，放入烤箱，上火150℃，下火240℃，不带烤盘，烘烤约26分钟。烤好后取出，振动模具，把吐司脱模，放在网架上冷却即可。

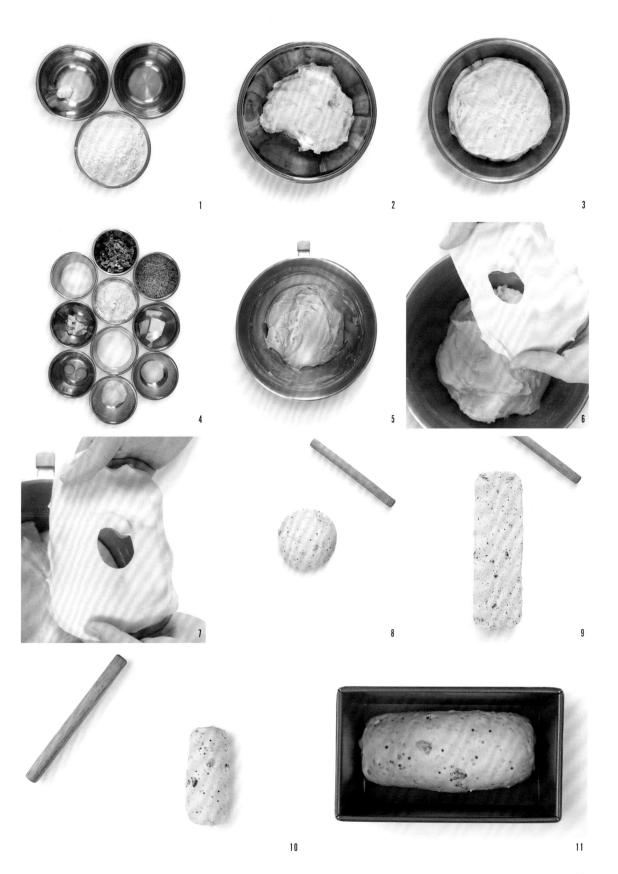

枫糖吐司

材料（可制作8个）

主面团

王后柔风甜面包粉　1000克

幼砂糖　150克

奶粉　20克

鲜酵母　45克

牛奶　320克

全蛋　200克

蛋黄　150克

盐　18克

肯迪雅乳酸发酵黄油　300克

其他

枫糖片　600克

蛋液　适量

烘焙装饰糖粒　适量

制作方法

1 参照布里欧修面团的制作方法（见P38）将面团做好。用擀面杖擀压成长45厘米、宽30厘米的长方形，摆放在烤盘上，密封起来放入冷冻冰箱冻30分钟，降温至0～4℃拿出，翻面，在面团中间处放一块枫糖片，宽度和面团宽度一致。

2 把面团从上下两边贴着枫糖片的边缘往中间对折，中间面团接口处刚好对整齐捏紧。

3 对折好后，将面团旋转90°，用美工刀把面团的左右两侧折叠处割断。这样可让枫糖片在开酥时分布得更加均匀，且不会因为面筋收缩而变形。

4 用开酥机把面团顺着表面接口处的方向，递减式压薄，最终压长至约80厘米，然后把面团一端往中间折1/3。

5 另一边的面团也往中间折1/3，然后再次将面团放入开酥机，把面团压至长约80厘米，并做一个3折。

6 做完两个3折后的面团，用保鲜膜密封，放入冷冻冰箱松弛30分钟。

7 面团松弛好后取出，分割成350克一份。

8 在分割好的面团上均匀切三刀，顶部留1厘米不用完全切断。

9 把切好的面团切面朝上，把两边的面团依次往中间编。编制过程中，注意不要把面团往后拉扯变形。

10 面团最终编成一条三股辫，接口处捏紧。

11 把面团两端往底部中间处对折，最终长度约为16厘米。把整形好的面团正面朝上放入250克的吐司模具中，放入醒发箱（温度30℃，湿度80%）醒发100～120分钟。

12 面团醒发好后，约到吐司模具七分满，表面均匀地刷一层蛋液，撒上烘焙装饰糖粒，放入烤箱，上火150℃，下火230℃，不带烤盘，烘烤约25分钟。烤好后取出，振动模具，把吐司倒出模具，放在网架上冷却即可。

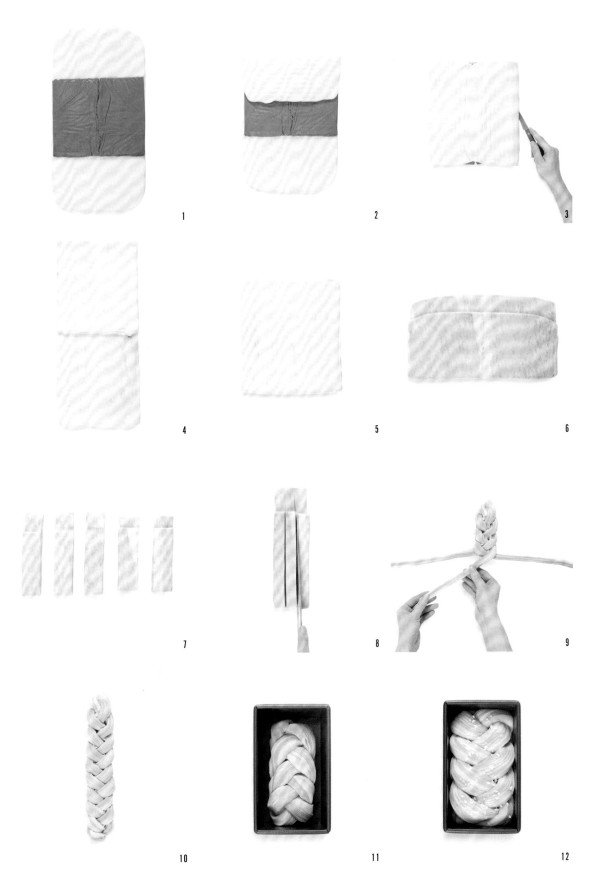

© 黑糖吐司

黑糖吐司

材料（可制作4个）

中种面团
王后柔风甜面包粉　500克

鲜酵母　5克

牛奶　150克

水　200克

主面团
王后柔风甜面包粉　500克

肯迪雅乳酸发酵黄油　100克

日式烫种　150克

黑糖粒　150克

鲜酵母　30克

提子干　200克

奶粉　20克

水　300克

盐　16克

其他
蛋液　适量

制作方法

1 将制作中种面团的材料称好放置备用。

2 把鲜酵母、牛奶和水混合，先用蛋抽搅拌均匀，再加入面包粉，慢速搅拌成团至没有干粉。把搅拌好的中种面团密封放在30℃的环境下发酵2个小时。

3 发酵好的中种面团，内部充满丰富的网状结构组织，即可拿去使用。

4 将制作主面团的材料称好放置备用。

5 把面包粉、奶粉和鲜酵母放入面缸中。黑糖粒与水混合，搅拌均匀后倒入面缸中，慢速搅拌至没有干粉。

6 面团成团后，加入盐和发酵好的中种面团，慢速继续搅拌均匀后转快速搅拌至七成面筋，此时能拉出表面粗糙的厚膜，孔洞边缘处带有稍小的锯齿。

7 加入室温软化至膏状的黄油和日式烫种，先慢速搅拌至黄油与面团融合，再用快速把面团搅拌至十成面筋，此时能拉出表面光滑的薄膜，孔洞边缘处光滑无锯齿。

8 加入提子干，慢速搅拌均匀。取出面团，把表面收整光滑成球形。面团温度控制在22～25℃，然后把面团放在26～28℃的环境下基础发酵40分钟。发酵好后取出，分割成170克一个，预整形成长条状，密封放在24～28℃的环境下松弛30分钟。面团松弛好后用擀面杖擀成长35厘米、宽10厘米的长条，翻面。

9 把面团沿长边从顶部往下自然卷起，最终成圆柱状。把整形好的面团，三个一组，光滑面朝上，间隔摆放均匀，放入450克的吐司模具中，放入醒发箱（温度30℃，湿度80%）醒发80～90分钟，醒发好后，约到吐司模具九分满，取出表面刷一层蛋液，放入烤箱，上火150℃，下火240℃，不带烤盘，烘烤约26分钟。烤好后取出，振动模具，把吐司脱模，倒出放在网架上冷却即可。

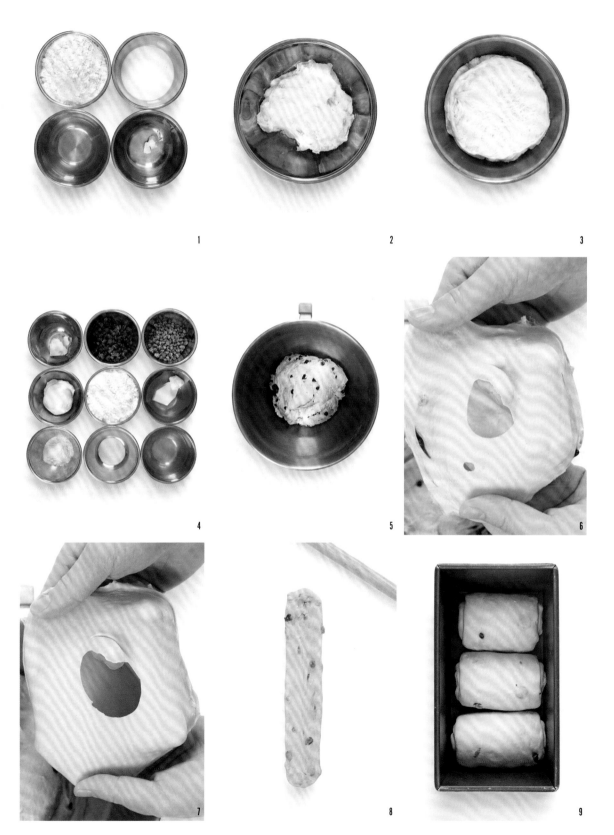

培根洋葱芝士吐司

材料（可制作7个）

主面团

王后柔风甜面包粉　1000克

肯迪雅乳酸发酵黄油　80克

幼砂糖　80克

奶粉　20克

鲜酵母　30克

全蛋　100克

牛奶　200克

水　400克

盐　16克

其他

培根　11块

芝士片　11块

黑胡椒粉　少量

蛋液　适量

马苏里拉芝士碎　适量

洋葱丝　适量

沙拉酱　适量

制作方法

1. 将制作主面团的材料称好放置备用。

2. 把面包粉、鲜酵母、全蛋和牛奶倒入面缸。幼砂糖与水混合，搅拌至幼砂糖化开后倒入面缸中，慢速搅拌成团至没有干粉，加盐。

3. 慢速继续搅拌至七成面筋，此时能拉出表面粗糙的厚膜，孔洞边缘处带有稍小的锯齿。

4. 加入室温软化至膏状的黄油，先慢速搅拌至黄油与面团融合，再转快速把面团搅拌至十成面筋，此时能拉出表面光滑的薄膜，孔洞边缘处光滑无锯齿。

5. 取出面团，把表面收整光滑成球形。面团温度控制在22～25℃，然后把面团放在26～28℃的环境下基础发酵40分钟。发酵好后取出，分割成85克一个，滚圆，密封放在24～28℃的环境卜松弛30分钟。

6. 面团松弛好后取出，用擀面杖擀成长35厘米、宽9厘米的长方形，翻面。在面团中间偏上位置放半块培根和半块芝士片，表面再撒上少量黑胡椒粉。

7. 把面团从短边卷起成圆柱形，三个一组，光滑面朝上，均匀放入250克的吐司模具中，放入醒发箱（温度30℃，湿度80%）最终醒发70～80分钟，醒发好后，约到吐司模具八分满。

8. 在表面均匀刷一层蛋液，再用剪刀在每个面团表面剪上刀口。

9. 在表面撒一层马苏里拉芝士碎，放适量洋葱丝，挤上沙拉酱，然后放入烤箱，上火160℃，下火240℃，不带烤盘，烘烤约24分钟。烤好后取出，振动模具，把吐司倒出，放在网架上冷却即可。

© 培根洋葱芝士吐司

软欧面包
系列

南瓜田园

材料（可制作13个）

南瓜馅
肯迪雅乳酸发酵黄油　50克

南瓜泥　300克

幼砂糖　50克

玉米淀粉　20克

主面团
王后柔风甜面包粉　1000克

肯迪雅乳酸发酵黄油　80克

日式烫种　200克

幼砂糖　100克

南瓜泥　250克

鲜酵母　30克

奶粉　20克

牛奶　100克

水　280克

盐　15克

制作方法

1. 将制作南瓜馅的材料称好放置备用（南瓜提前蒸熟）。

2. 把南瓜泥倒入厚底锅里，用电磁炉开小火先把水分炒干，然后加入幼砂糖和黄油，接着再用小火边加热边搅拌，把水分再次炒干。离火，加入玉米淀粉，用蛋抽搅拌均匀至顺滑。再用小火加热搅拌至浓稠，然后装裱花袋凉却后备用。

3. 将制作主面团的材料称好放置备用（南瓜提前蒸熟）。

4. 把面包粉、鲜酵母、奶粉、牛奶和南瓜泥倒入面缸。幼砂糖与水混合，搅拌至幼砂糖完全化开后倒入面缸中，慢速搅拌成团至没有干粉。

5. 加入盐和日式烫种，慢速搅拌至七成面筋，此时能拉出表面粗糙的厚膜，孔洞边缘处带有稍小的锯齿。

6. 加入室温软化至膏状的黄油，先慢速搅拌至黄油与面团融合，再转快速把面团搅拌至十成面筋，此时能拉出表面光滑的薄膜，孔洞边缘处光滑无锯齿。

7. 取出面团，把表面收整光滑成球形。面团温度控制在22~25℃，然后把面团放在26~28℃的环境下基础发酵40分钟。发酵好后取出，分割成100克和50克两种大小的面团，然后滚圆，密封放在24~28℃的环境下松弛30分钟。

8. 面团松弛好后，把100克面团取出排气拍扁，翻面，挤上30克提前做好的南瓜馅；50克面团用擀面杖擀成长25厘米、宽10厘米的长条，翻面。

9. 100克面团包好南瓜馅，做成球形，光滑面朝上，放在50克面皮的中央。

10. 如图将面皮两边翻起，贴着大面团，另外两边收成长条。

11. 把两边的长条提起来，在大面团的表面中心处打一个结。整形好后，均匀摆放在烤盘上，放入醒发箱（温度30℃，湿度80%）最终醒发45分钟。

12. 醒发好后表面筛一层面包粉（配方用量外）当作装饰，然后放入烤箱，上火230℃，下火170℃，入炉后喷蒸汽2秒，烘烤约13分钟。烤好后取出，把面包转移放到网架上冷却即可。

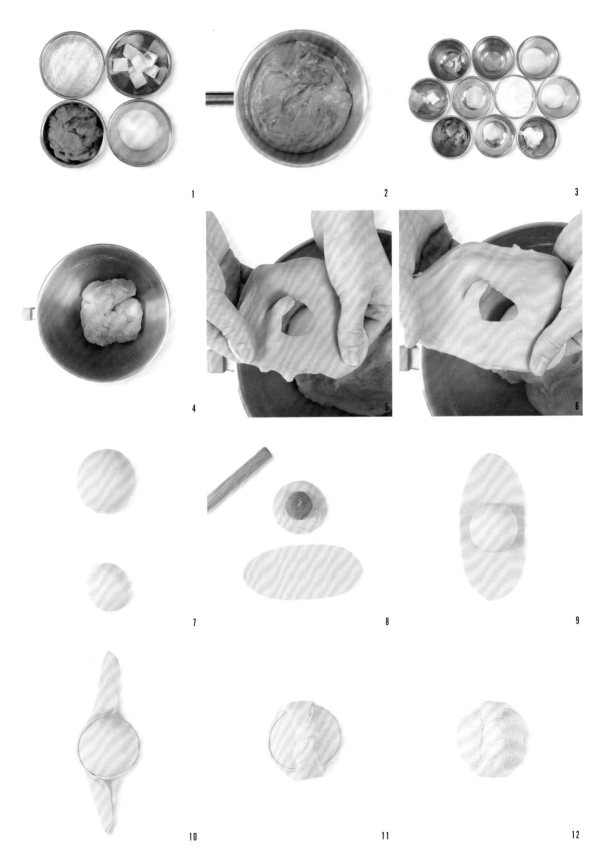

© 南瓜田园

© 墨鱼培根芝士

墨鱼培根芝士

材料（可制作13个）

中种面团
王后柔风甜面包粉　500克

水　350克

鲜酵母　5克

主面团
王后柔风甜面包粉　500克

肯迪雅乳酸发酵黄油　60克

幼砂糖　100克

鲜酵母　30克

墨鱼汁　40克

牛奶　180克

水　100克

盐　16克

其他
培根　13块

芝士片　13块

黑胡椒粉　适量

制作方法

1. 将制作中种面团的材料称好放置备用。

2. 先把鲜酵母与水混合，搅拌至完全化开，再加入面包粉，慢速搅拌成团至没有干粉，搅拌好的中种面团密封放在30℃的环境下发酵2个小时。发酵好的中种面团内部充满丰富的网状结构组织，即可拿去使用。

3. 将制作主面团的材料称好放置备用。

4. 把牛奶、面包粉、鲜酵母和墨鱼汁倒入面缸。幼砂糖与水混合，搅拌至幼砂糖完全化开后倒入面缸中。慢速搅拌至没有干粉。

5. 面团成团后，加入盐和发酵好的中种面团。慢速继续搅拌均匀然后转快速搅拌至七成面筋，此时能拉出表面粗糙的厚膜，孔洞边缘处带有稍小的锯齿。

6. 加入室温软化至膏状的黄油。先慢速搅拌至黄油与面团融合，再用快速把面团搅拌至十成面筋，此时能拉出表面光滑的薄膜，孔洞边缘处光滑无锯齿。

7. 取出面团，把表面收整光滑成球形。面团温度控制在22～25℃，然后把面团放在26～28℃的环境下基础发酵40分钟。发酵好后取出，分割成150克一个，滚圆，密封放在24～28℃的环境下松弛30分钟。

8. 面团松弛好后取出，用擀面杖擀成长30厘米、宽12厘米的长条，翻面。在面团一端预留3厘米，放上半块培根和半块芝士片，撒适量黑胡椒粉。

9. 将面团包着馅料卷一圈。

10. 在表面上再放半块培根和半块芝士片，撒黑胡椒粉。

11. 把面团继续卷起，最终接口压在面团底部中间处。

12. 把整形好的面团均匀摆放在烤盘上，放入醒发箱（温度30℃，湿度80%）最终醒发40分钟。发酵好后，表面均匀筛一层面包粉（配方用量外）。用法棍割刀在表面斜刀均匀划上三道刀口，放入烤箱，上火230℃，下火170℃，入炉后喷蒸汽2秒，烘烤约13分钟。烤好后取出，把面包转移到网架上冷却即可。

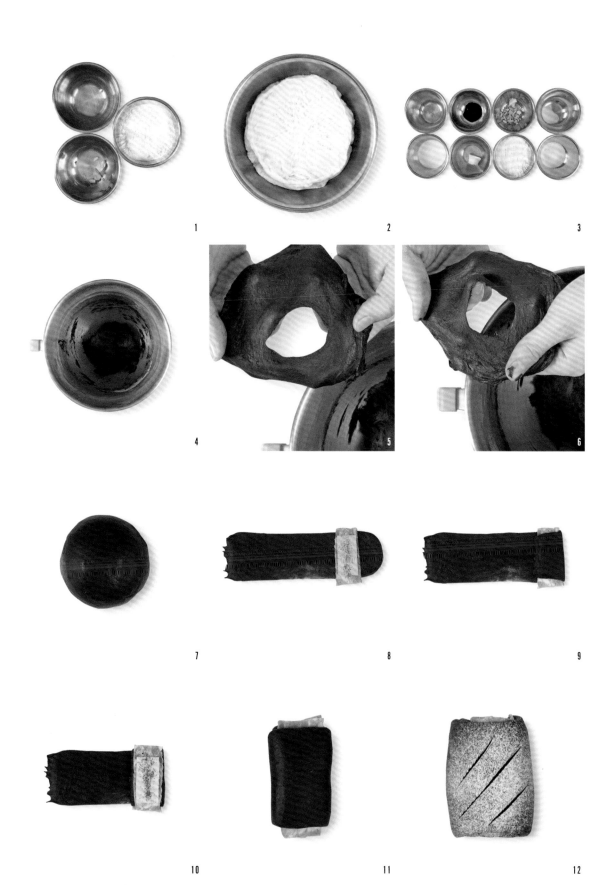

1

2

3

4

5

6

7

8

9

10

11

12

紫薯芋泥欧包

材料（可制作15个）

墨西哥酱
王后精制低筋面粉 100克
肯迪雅乳酸发酵黄油 100克
糖粉 100克
全蛋 100克

芋泥馅
肯迪雅乳酸发酵黄油 56克
肯迪雅稀奶油 70克
芋头 630克
紫薯 70克
幼砂糖 126克

主面团
王后柔风甜面包粉 1000克
肯迪雅乳酸发酵黄油 60克
日式烫种 100克
法国老面（见P158） 200克
幼砂糖 120克
鲜酵母 35克
牛奶 420克
奶粉 30克
水 300克
盐 15克

制作方法

1 将制作墨西哥酱的材料称好放置备用。

2 黄油隔水加热至化开，加入糖粉，搅拌均匀至顺滑。加入全蛋，再次搅拌均匀，加入低筋面粉。最终完全搅拌均匀后，装入裱花袋，放冷藏冰箱里待用。

3 将制作芋泥馅的材料称好放置备用。

4 把紫薯和芋头放一起隔水蒸熟，趁热加入黄油和幼砂糖。

5 使用厨师机搅拌顺滑，装入裱花袋备用。

6 将制作主面团的材料称好放置备用。

7 把面包粉、鲜酵母、奶粉和牛奶倒入面缸。幼砂糖与水混合，搅拌至幼砂糖完全化开后倒入面缸中，慢速搅拌成团至没有干粉，加入盐和法国老面。

8 慢速搅拌至七成面筋，此时能拉出表面粗糙的厚膜，孔洞边缘处带有稍小的锯齿。

9 加入室温软化至膏状的黄油和日式烫种，先慢速搅拌至黄油与面团融合，再转快速把面团搅拌至十成面筋，此时能拉出表面光滑的薄膜，孔洞边缘处光滑无锯齿。

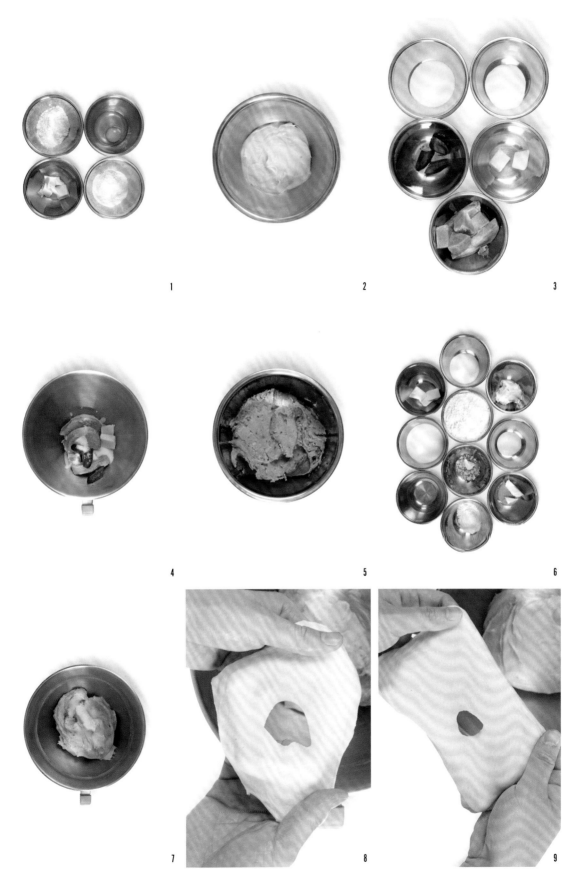

10 取出面团，把表面收整光滑成球形。面团温度控制在22～25℃，然后把面团放在26～28℃的环境下基础发酵40分钟。发酵好后取出，分割成150克一个，滚圆，密封放在24～28℃的环境下松弛30分钟。

11 面团松弛好后取出，从底部对折成长条状。

12 用擀面杖把面团擀成长35厘米、宽10厘米的长条，翻面。

13 在面团中央挤60克芋泥馅。

14 把两条长边分别向中间折，将芋泥馅包裹住，收紧接口，制成长条形。面团最终搓至长50厘米。均匀摆放在烤盘上，放入醒发箱（温度30℃，湿度80%）最终醒发45分钟。

15 如图示将面团B端弯曲压在A端上方，交叉做出一个圆圈。

16 把A端提起，从面团中间圆圈处穿下去。

17 把B端从底部穿过去，和A端捏合在一起，最终面团表面间隔大小要一致。整形好后，均匀摆放在烤盘上，放入醒发箱（温度30℃，湿度80%）最终醒发45分钟。

18 面团发酵好后，在表面间隔处用裱花袋挤上一条墨西哥酱。表面用粉筛筛一层面包粉（配方用量外），放入烤箱，上火230℃，下火170℃，入炉后喷蒸汽2秒，烘烤约13分钟。烤好后取出，把面包转移放到网架上冷却即可。

法国老面

材料

伯爵传统T65面粉　200克

麦芽精　1克

水（A）120克

鲜酵母　1克

鲁邦种　40克

水（B）10克

盐　4克

制作方法

1 将面粉和水（A）倒入面缸中，搅拌均匀至无干粉，放入盆中冷藏静置水解40分钟。

2 加入鲜酵母、麦芽精和鲁邦种，继续慢速搅拌均匀。

3 观察面团的状态，当面团打至八成面筋时分次加入水（B），并加入盐融合，转快速搅拌至面团不粘缸、表面光滑且具有延展性，此时能拉开面筋膜。

4 取出面团后将烤盘喷洒脱模油，规整面团，放入烤盘中，室温发酵45分钟。

5 翻面，将面团顶部朝下，四周向中间折叠规整，放冷藏冰箱发酵16小时即可。

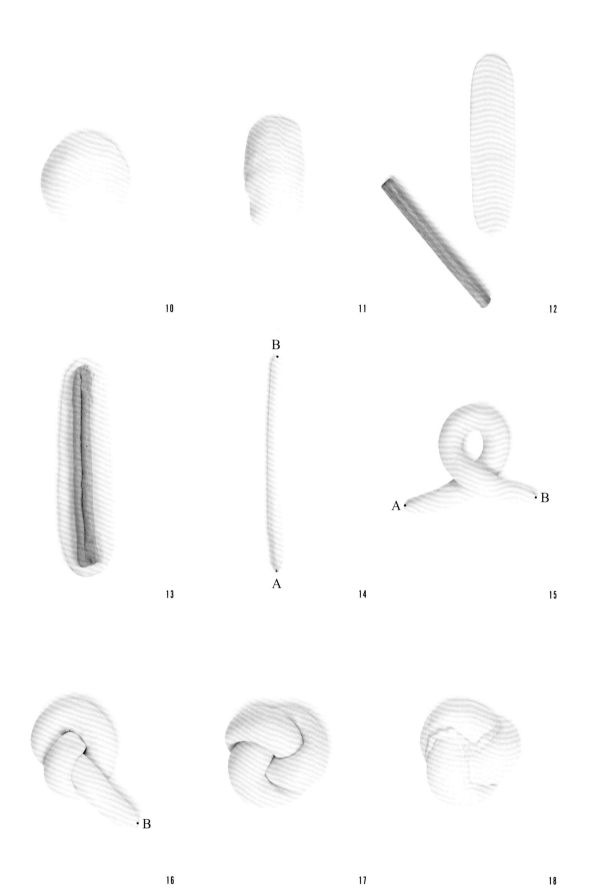

10

11

12

B

13

A

A·   ·B

14

15

·B

16

17

18

© 紫薯芋泥欧包

© 全麦紫米欧包

全麦紫米欧包

材料（可制作15个）

紫米馅
肯迪雅乳酸发酵黄油　50克

紫米　250克

牛奶　125克

水　275克

幼砂糖　65克

主面团
王后柔风甜面包粉　800克

王后特制全麦粉　200克

肯迪雅乳酸发酵黄油　60克

日式烫种　100克

法国老面（见P158）　100克

幼砂糖　80克

鲜酵母　35克

牛奶　180克

奶粉　20克

水　480克

盐　16克

制作方法

1. 将制作紫米馅的材料称好放置备用。

2. 把牛奶和水加入到紫米中，搅拌均匀，使用电饭煲煮熟后取出，趁热加入幼砂糖和黄油。完全搅拌均匀，放凉后即可使用。

3. 将制作主面团的材料称好放置备用。

4. 把面包粉、鲜酵母、全麦粉、牛奶和奶粉倒入面缸。幼砂糖与水混合，搅拌至幼砂糖完全化开后倒入面缸中，慢速搅拌成团至没有干粉。

5. 面团成团后，加入盐和法国老面，慢速搅拌至七成面筋，此时能拉出表面粗糙的厚膜，孔洞边缘处带有稍小的锯齿。

6. 加入室温软化至膏状的黄油和日式烫种，慢速搅拌至黄油与面团融合，再转快速把面团搅拌至十成面筋，此时能拉出表面光滑的薄膜，孔洞边缘处光滑无锯齿。

7. 取出面团，把表面收整光滑成球形。面团温度控制在22~25℃，然后把面团放在26~28℃的环境下基础发酵40分钟。发酵好后取出，分割成150克一个面团，滚圆，密封放在24~28℃的环境下松弛30分钟。

8. 面团松弛好后取出，用擀面杖擀成直径15厘米的圆形，翻面。在面团中心放50克紫米馅。

9. 把面团包成圆形，收紧底部，均匀摆放在烤盘上，放入醒发箱（温度30℃，湿度80%）最终醒发45分钟。

10. 醒发好后，在表面放一张带花纹的模板。

11. 用粉筛均匀在表面筛撒面包粉（配方用量外），做出装饰图案。

12. 筛完面粉后，用剪刀在面团边缘均匀剪四刀。放入烤箱，上火220℃，下火170℃，入炉后喷蒸汽2秒，烘烤约13分钟。烤好后取出，把面团转移放到网架上冷却即可。

蒜香芝士

材料（可制作13个）

蒜香酱
肯迪雅乳酸发酵黄油　250克
芹菜叶　75克
蒜头　100克
盐　3克

主面团
王后柔风甜面包粉　1000克
肯迪雅乳酸发酵黄油　60克
日式烫种　100克
幼砂糖　100克
鲜酵母　30克
牛奶　560克
水　150克
盐　16克

其他
芝士粉　适量
肯迪雅乳酸发酵黄油　适量

制作方法

1. 将制作蒜香酱的材料称好放置备用。
2. 把步骤1的所有材料放入破壁机中。
3. 搅打成泥备用。
4. 将制作主面团的材料称好放置备用。
5. 把面包粉、鲜酵母和牛奶倒入面缸。幼砂糖与水混合，搅拌至幼砂糖完全化开后倒入面缸中，慢速搅拌成团至没有干粉。
6. 加入盐，慢速搅拌至七成面筋，此时能拉出表面粗糙的厚膜，孔洞边缘处带有稍小的锯齿。
7. 加入室温软化至膏状的黄油和日式烫种。
8. 先慢速搅拌至黄油与面团融合，再转快速把面团搅拌至十成面筋，此时能拉出表面光滑的薄膜，孔洞边缘处光滑无锯齿。
9. 取出面团，把表面收整光滑成球形。面团温度控制在22~27℃，然后把面团放在26~28℃的环境下基础发酵40分钟。发酵好后取出，分割成150克一个，滚圆，密封放在24~28℃的环境下松弛30分钟。

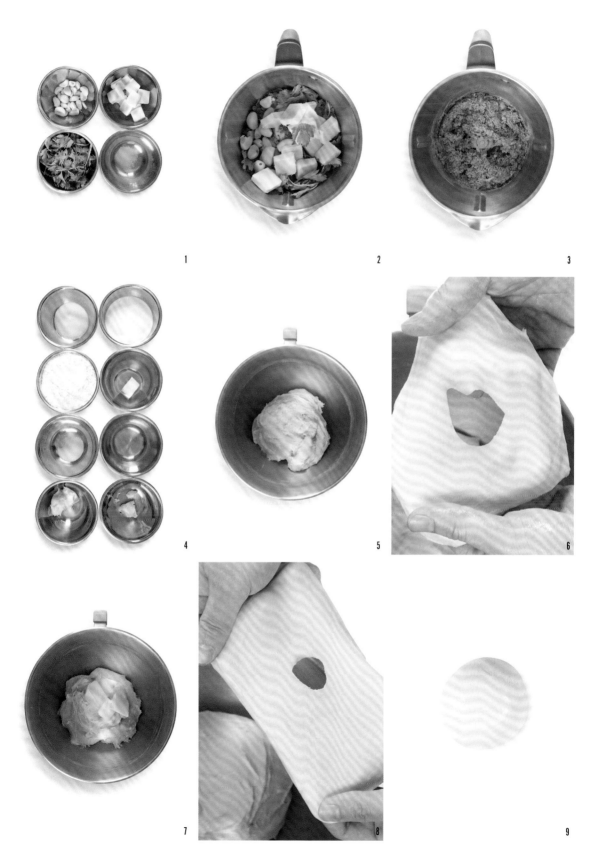

10 面团松弛好后取出，表面蘸一层面包粉（配方用量外），用手直接排气拍扁，然后翻面。

11 把面团从一边往中间折1/3。

12 把面团从另一边再往中间折1/3，重叠在一起。

13 把面团从中间再次对折，压紧接口，做成橄榄形，最终长度约为20厘米。

14 整形完的面团，表面用喷水壶喷一层水，均匀地蘸一层芝士粉。

15 正面朝上，均匀摆放在烤盘上，放入醒发箱（温度30℃，湿度80%）最终醒发40分钟。

16 醒发好后，把面团取出，在表面正中心用法棍割刀划一道刀口，把表皮划破就好。

17 在刀口处用裱花袋挤上一条软化后的黄油，放入烤箱，上火230℃，下火170℃，入炉后喷蒸汽2秒，烘烤约13分钟。

18 取出，趁热在表面刀口处挤上蒜香酱，用毛刷刷均匀，再次放回烤箱，上火230℃，下火170℃，烘烤1分钟。烤好后取出，把面团转移到网架上冷却即可。

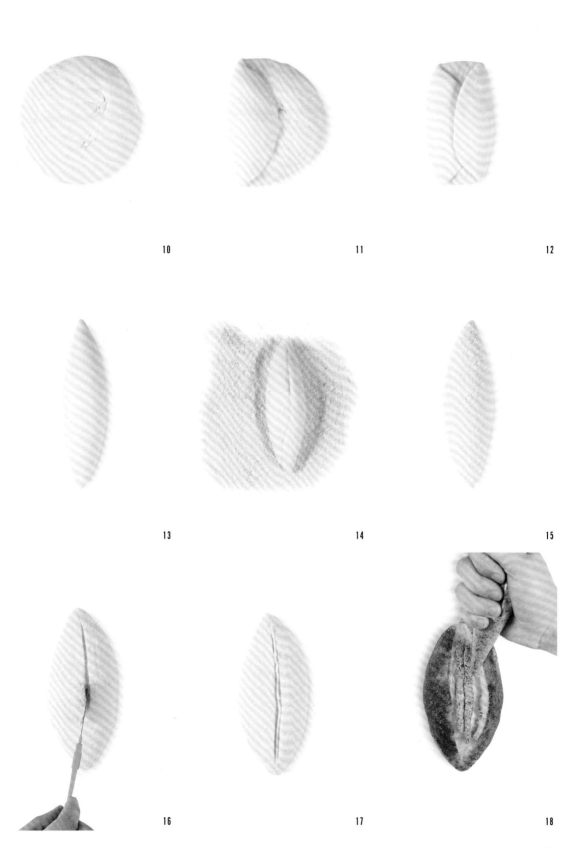

蒜香芝士

© 抹茶麻薯欧包

抹茶麻薯欧包

材料（可制作13个）

麻薯馅

肯迪雅乳酸发酵黄油　28克

玉米淀粉　53克

糯米粉　180克

幼砂糖　77克

牛奶　315克

抹茶酥粒

王后精制低筋面粉　150克

肯迪雅乳酸发酵黄油　90克

幼砂糖　65克

抹茶粉　18克

墨西哥酱

肯迪雅乳酸发酵黄油　100克

王后精制低筋面粉　80克

糖粉　100克

全蛋　100克

中种面团

王后柔风甜面包粉　400克

水　350克

鲜酵母　5克

主面团

王后柔风甜面包粉　600克

肯迪雅乳酸发酵黄油　60克

日式烫种　100克

抹茶粉　30克

幼砂糖　80克

鲜酵母　30克

牛奶　180克

水　150克

盐　16克

其他

蜜红豆粒　120克

制作方法

1 将制作麻薯馅的材料称好放置备用。

2 把牛奶、糯米粉、玉米淀粉、幼砂糖混合，搅拌搅匀。然后放在盆里隔水蒸熟成固体，趁热加入黄油。

3 搅拌至黄油完全融合后，用保鲜膜贴面包裹起来，放置冷却备用。

4 将制作抹茶酥粒的材料称好放置备用。

5 黄油隔水加热至化开后，加入幼砂糖搅拌均匀。加入抹茶粉和低筋面粉，搅拌均匀成颗粒状，密封放入冷冻冰箱备用。

6 将制作墨西哥酱的材料称好放置备用。

7 黄油隔水加热至化开，加入糖粉搅拌均匀。搅拌至顺滑后，加入全蛋。再次搅拌均匀后，加入低筋面粉。完全搅拌均匀后，装入裱花袋，放入冷藏冰箱里备用。

8 将制作中种面团的材料称好放置备用。

9 把鲜酵母加入水中，搅拌至完全化开，加入面包粉。慢速搅拌成团至没有干粉，搅拌好的中种面团密封放在30℃的环境下发酵2个小时。发酵好的中种面团内部充满丰富的网状结构组织，即可拿去使用。

1

2

3

4

5

6

7

8

9

10 将制作主面团的材料称好放置备用。

11 幼砂糖与水混合，搅拌至幼砂糖完全化开。加入牛奶、面包粉、鲜酵母和抹茶粉，慢速搅拌面团至没有干粉。

12 面团成团后，加入盐、日式烫种和发酵好的中种面团。先慢速继续搅拌均匀，然后转快速搅拌至七成面筋，此时能拉出表面粗糙的厚膜，孔洞边缘处带有稍小的锯齿。

13 加入室温软化至膏状的黄油。先慢速搅拌至黄油与面团融合，再转快速把面团搅拌至十成面筋，此时能拉出表面光滑的薄膜，孔洞边缘处光滑无锯齿。

14 取出面团，把表面收整光滑成球形。面团温度控制在22～25℃，然后把面团放在26～28℃的环境下基础发酵40分钟。发酵好后取出，分割成150克一个，滚圆，密封放在24～28℃的环境下松弛30分钟。

15 面团松弛好后取出，用擀面杖擀成直径14厘米的圆形，中心厚，边缘薄，翻面。在面团中心先放50克麻薯馅，再放15克蜜红豆粒。

16 放完馅料后，把馅料包起来，做成球形。面团表面用喷水壶喷水，然后均匀蘸上一层抹茶酥粒。

17 把整形好的面团均匀摆放在烤盘上，放入醒发箱（温度30℃，湿度80%）最终醒发45分钟。发酵好后，在表面用裱花袋转圈挤上墨西哥酱。

18 挤完墨西哥酱后，表面再稍微撒一层抹茶酥粒，放入烤箱，上火200℃，下火170℃，入炉后喷蒸汽2秒，烘烤约15分钟。出炉后，把面包转移到网架上冷却即可。

10

11

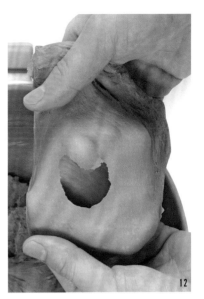

12

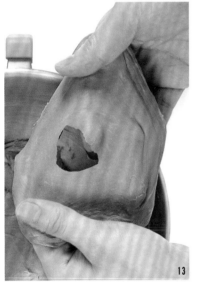

13

14

15

16

17

18

咸蛋肉松

材料（可制作13个）

咸蛋黄酱
肯迪雅乳酸发酵黄油　150克

咸蛋黄　300克

炼乳　75克

盐　7克

其他
原味肉松　130克

芝士粉　适量

主面团
王后柔风甜面包粉　900克

王后特制全麦粉　100克

肯迪雅乳酸发酵黄油　60克

日式烫种　100克

幼砂糖　60克

奶粉　20克

鲜酵母　30克

牛奶　200克

水　450克

盐　15克

制作方法

1 将制作咸蛋黄酱的材料称好放置备用。

2 把咸蛋黄放入烤箱，上火230℃，下火200℃，先烤5分钟，取出用料理机打碎，再把制作咸蛋黄酱的其他所有材料加入。

3 完全搅拌均匀成泥状，装入裱花袋备用。

4 将制作主面团的材料称好放置备用。

5 把面包粉、鲜酵母、牛奶、全麦粉和奶粉倒入面缸。幼砂糖与水混合，搅拌至幼砂糖完全化开后倒入面缸中。慢速搅拌成团至没有干粉，加入盐和日式烫种。

6 慢速搅拌至七成面筋，此时能拉出表面粗糙的厚膜，孔洞边缘处带有稍小的锯齿。

7 加入室温软化至膏状的黄油。先慢速搅拌至黄油与面团融合，再转快速把面团搅拌至十成面筋，此时能拉出表面光滑的薄膜，孔洞边缘处光滑无锯齿。

8 取出面团，把表面收整光滑成球形。面团温度控制在22～27℃，然后把面团放在26～28℃的环境下基础发酵40分钟。发酵好后取出，分割成约150克一个，滚圆，密封放在24～28℃的环境下松弛30分钟。

9 面团松弛好后取出，把面团直接从底部对折成长条状。

10 用擀面杖把面团擀成长35厘米、宽10厘米的长条，翻面，挤上40克咸蛋黄酱，用抹刀涂抹均匀。在咸蛋黄酱上再均匀撒10克原味肉松。

11 将面团沿着长边自然卷起来，两边接口处保持平整。最终长度12厘米。整形完的面团，表面用喷水壶喷一层水，然后均匀蘸一层芝士粉。

12 正面朝上，均匀摆放在烤盘上，放入醒发箱（温度30℃，湿度80%）最终醒发45分钟。醒发好后，直接放入烤箱，上火220℃，下火170℃，入炉后喷蒸汽2秒，烘烤约14分钟。烤好后取出，把面包转移到网架上冷却即可。

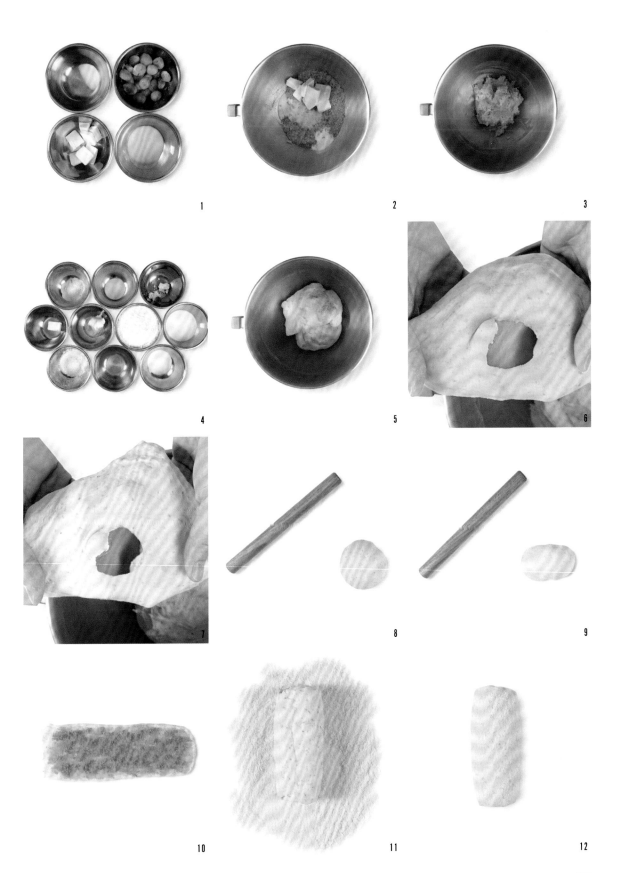

1   2   3

4   5   6

7   8   9

10   11   12

火龙果芝士

材料（可制作17个）

墨西哥酱
肯迪雅乳酸发酵黄油　100克

糖粉　100克

全蛋　100克

王后精制低筋面粉　100克

芝士馅
奶油芝士　800克

糖粉　240克

君度酒　16克

主面团
王后柔风甜面包粉　1000克

肯迪雅乳酸发酵黄油　60克

火龙果　500克

幼砂糖　80克

鲜酵母　30克

奶粉　20克

日式烫种　150克

水　700克

盐　16克

制作方法

1 将制作墨西哥酱的材料称好放置备用。

2 黄油隔水加热至化开，加入糖粉搅拌均匀。搅拌至顺滑状后，加入全蛋。把全蛋完全搅拌均匀后，加入低筋面粉。最终完全搅拌均匀后，装入裱花袋，放入冷藏冰箱备用。

3 将制作芝士馅的材料称好放置备用。

4 把制作芝士馅的所有材料放入厨师机。拌均匀至顺滑，装入裱花袋备用。

5 将制作主面团的材料称好放置备用。

6 把而句粉、鲜酵母、奶粉和火龙果倒入面缸。幼砂糖和水混合，搅拌至幼砂糖完全化开后倒入面缸中。慢速搅拌成团至没有干粉。

7 加入盐和日式烫种，慢速搅拌至七成面筋，此时能拉出表面粗糙的厚膜，孔洞边缘处带有稍小的锯齿。

8 加入室温软化至膏状的黄油。

9 先慢速搅拌至黄油与面团融合，再转快速把面团搅拌至十成面筋，此时能拉出表面光滑的薄膜，孔洞边缘处光滑无锯齿。

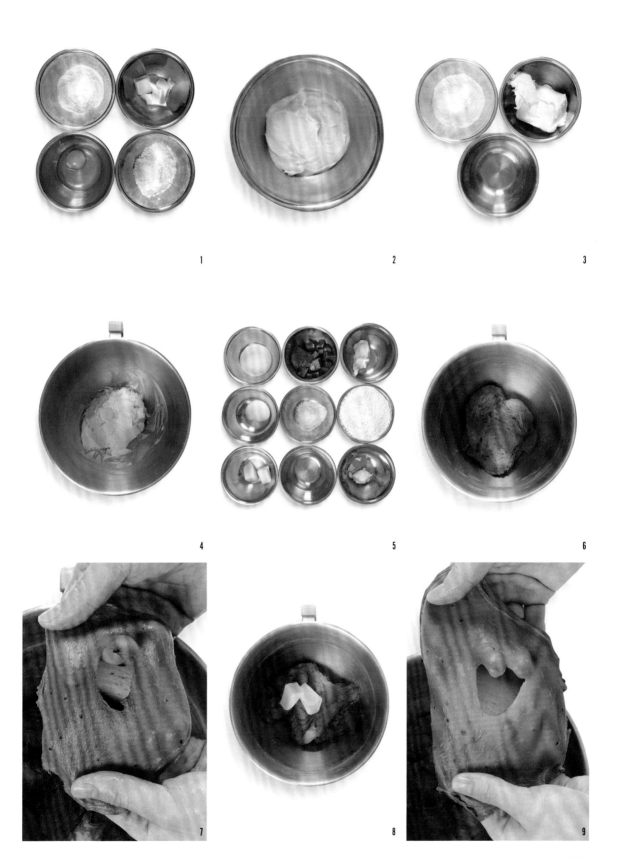

1

2

3

4

5

6

7

8

9

10 取出面团，把表面收整光滑成球形。面团温度控制在22～25℃，然后把面团放在26～28℃的环境下基础发酵40分钟。发酵好后取出，分割成150克一个，然后预整形长条状，密封放在24～28℃的环境下松弛30分钟。

11 面团松弛好后，取出用擀面杖擀成长35厘米、宽9厘米的长条状，翻面。在距离图中左侧长边约1/3处挤一条60克芝士馅。

12 把图中面团左侧长边提起向右对折，先把芝士馅包紧。

13 然后再次把面团对折包一圈成长条状，最终把面团搓至50厘米长。

14 把面团在长度1/3处弯折成图示样子，然后把长的一端（A）搭在短的一端（B）之上，短的一端露出约2厘米。

15 把面团长的一端（A）从短的一端（B）底部绕一圈上来。然后从面团表面中心处穿过，压到底部。最终整形完后，呈现一个8字形。光滑面朝上，均匀摆放在烤盘上，放入醒发箱（温度30℃，湿度80%）最终醒发40分钟。

16 醒发好后，在面团表面间隔处，用裱花袋挤上一条墨西哥酱。

17 表面用粉筛筛一层面包粉（配方用量外）当作装饰，放入烤箱，上火200℃，下火170℃，入炉后喷蒸汽2秒，烘烤约15分钟。出炉后，把面包转移放置到网架上冷却即可。

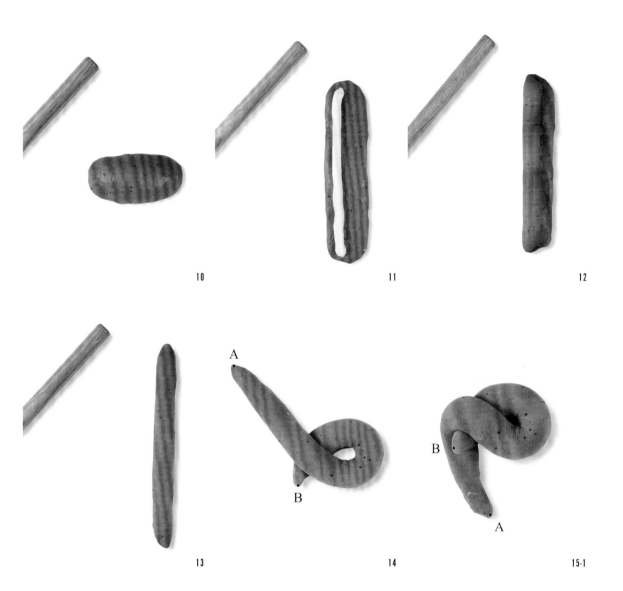

10   11   12

13   14   15-1

15-2   16   17

熏鸡芝士枕

材料（可制作12个）

鸡肉馅

烟熏鸡胸肉丁　500克

玉米粒　100克

耐高温芝士丁　50克

马苏里拉芝士　50克

黑胡椒粉　2克

主面团

王后柔风甜面包粉　1000克

肯迪雅乳酸发酵黄油　60克

幼砂糖　80克

鲜酵母　30克

牛奶　120克

奶粉　20克

水　600克

盐　16克

其他

芝士片　13块

芝士粉　适量

制作方法

1　将制作鸡肉馅的材料称好放置备用。

2　把制作鸡肉馅的所有材料放在一起。

3　完全搅拌均匀。

4　将制作主面团的材料称好放置备用。

5　把面包粉、鲜酵母、奶粉和牛奶倒入面缸。

6　把幼砂糖与水混合，搅拌至幼砂糖化开后倒入面缸中。

7　把面团慢速搅拌成团至没有干粉。

8　面团成团后，加入盐。

9　把面团慢速搅拌至七成面筋，此时表面能拉出粗糙的厚膜，孔洞边缘处带有稍小的锯齿。

10 加入室温软化至膏状的黄油。

11 先慢速搅拌至黄油与面团融合，再转快速把面团搅拌至十成面筋，此时能拉出表面光滑的薄膜，孔洞边缘处光滑无锯齿。

12 取出面团，把表面收整光滑成球形。面团温度控制在22～27℃，然后把面团放在26～28℃的环境下基础发酵40分钟。发酵好后取出，分割成160克一个，滚圆，密封放在24～28℃的环境下松弛30分钟。

13 面团松弛好后，取出用手直接排气拍扁成直径15厘米的圆形，然后翻面，使底部朝上。

14 在面团中间先放一块芝士片，接着在芝士片上放50克鸡肉馅。

15 顺着芝士片的四个边，先把面团提起到中间捏紧，然后把四个角的面团捏合起来，最终成正方形。

16 整形完的面团表面用喷水壶喷一层水，然后均匀地蘸一层芝士粉。

17 蘸好芝士粉后，正面朝上，均匀摆放在烤盘上，放入醒发箱（温度30℃，湿度80%）最终醒发40分钟。醒好后，把面团取出，在面团表面用法棍割刀沿对角划两道刀口，把表皮划破就好。

18 放入烤箱，上火220℃，下火170℃，入炉后喷蒸汽2秒，烘烤约13分钟。出炉后，把面团转移到网架上冷却即可。

10

11

12

13

14

15

16

17

18

◎ 熏鸡芝士枕

◎ 巧克力香蕉面包船

巧克力香蕉面包船

材料（可制作16个）

巧克力馅
牛奶　500克

卡仕达粉　170克

柯氏51%牛奶巧克力　250克

巧克力酱
肯迪雅稀奶油　200克

柯氏51%牛奶巧克力　100克

其他
蛋液　适量

香蕉　适量

奥利奥饼干碎　适量

巧克力酥粒（见P106）　适量

主面团
王后柔风甜面包粉　500克

肯迪雅乳酸发酵黄油　25克

日式烫种　100克

牛奶液种（见P190）　150克

幼砂糖　50克

可可粉　18克

鲜酵母　18克

牛奶　100克

盐　8克

水　235克

柯氏51%牛奶巧克力　200克

制作方法

1　将制作巧克力馅的材料称好放置备用。

2　把牛奶与卡仕达粉放混合，搅拌均匀。

3　把巧克力隔水融化后加入步骤2搅拌好的卡仕达酱中。

4　搅拌均匀后放入盆中。

5　将制作巧克力酱的材料称好放置备用。

6　把稀奶油与巧克力混合。

7　隔水加热至化开，搅拌均匀。

8　将制作主面团的材料称好放置备用。

9　幼砂糖与水混合，搅拌至幼砂糖完全化开。

10　将面包粉、可可粉、鲜酵母、牛奶和步骤9化好的糖水放入面缸中。

11　慢速搅拌至无干粉、无颗粒。

12　加入盐、日式烫种和牛奶液种。

13 待盐完全融入面团，快速搅拌至面筋扩展阶段，此时面筋具有弹性及良好的延展性，并能拉出较好的面筋膜，面筋膜表面光滑较厚，不透明，有锯齿。

14 加入黄油和隔水加热融化的巧克力。

15 转快速搅拌至面筋完全扩展阶段，此时面筋能拉开大片面筋膜且面筋膜薄，能清晰看到手指纹，无锯齿。

16 取出面团规整外形，盖上保鲜膜放置室温发酵40～50分钟。发酵好后取出，分割成80克一个，揉圆，冷藏备用。

17 将面团表面微微蘸上面包粉（配方用量外），用擀面杖擀成椭圆形。

18 如图示将面团左侧向中间收拢。

19 再将右侧面团向中间收拢。

20 将面团整形成橄榄形状。

21 在面团表面及侧面刷一层蛋液，底部接口处不要接触蛋液。

22 将刷上蛋液的部分蘸上巧克力酥粒，放入烤盘，并放入醒发箱（温度30℃，湿度80%）醒发40～50分钟；醒发好后转入烤箱，上火210℃，下火180℃，烘烤12分钟，入炉后喷蒸汽2秒。

23 烤好的面包冷却后用锯齿刀一切为二，底部不要切断，挤上55克巧克力馅。

24 再将新鲜香蕉去皮切断，裹巧克力酱后放在面包上，最后用裱花袋在表面挤一层巧克力酱，撒上奥利奥饼干碎即可。

牛奶液种

材料
王后柔风甜面包粉　150克

牛奶　150克

鲜酵母　2克

制作方法
1 把鲜酵母加入牛奶中，用蛋抽搅拌至完全化开。

2 把面包粉加步骤1的液体中，完全搅拌均匀至没有干粉。

3 用保鲜膜密封，放入发酵箱（温度28℃）发酵2小时，然后转冷藏冰箱隔夜发酵后即可使用。

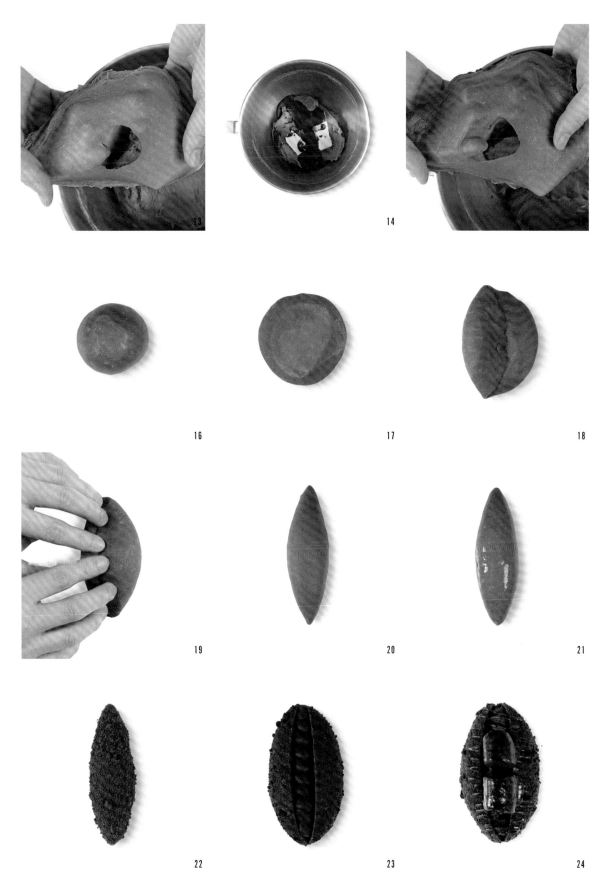

黑糖酵素软欧面包

材料（可制作6个）

王后柔风甜面包粉　880克	盐　14克
肯迪雅乳酸发酵黄油　44克	水　352克
日式烫种　176克	牛奶　220克
牛奶液种（见P190）264克	蔓越莓干　88克
鲜酵母　31克	葡萄干　176克
黑糖　176克	芒果丁　44克
奶粉　18克	核桃　44克

制作方法

1　将所有材料称好放置备用。

2　黑糖与水混合，搅拌均匀。

3　将步骤2的糖水连同面包粉、奶粉、鲜酵母和牛奶一起放入面缸中。

4　慢速搅拌至无干粉。

5　加入盐、日式烫种和牛奶液种。

6　待盐完全融入面团，快速搅拌至面筋扩展阶段，此时面筋具有弹性及良好的延展性，并能拉出较好的面筋膜，面筋膜表面光滑较厚，不透明，有锯齿。

7　加入黄油。

8　慢速搅拌均匀后转快速搅拌至面筋完全扩展阶段，此时面筋能拉开大片面筋膜且面筋膜薄，能清晰看到手指纹，无锯齿。

9　加入葡萄干、芒果丁、蔓越莓干和核桃，搅拌均匀后出缸。

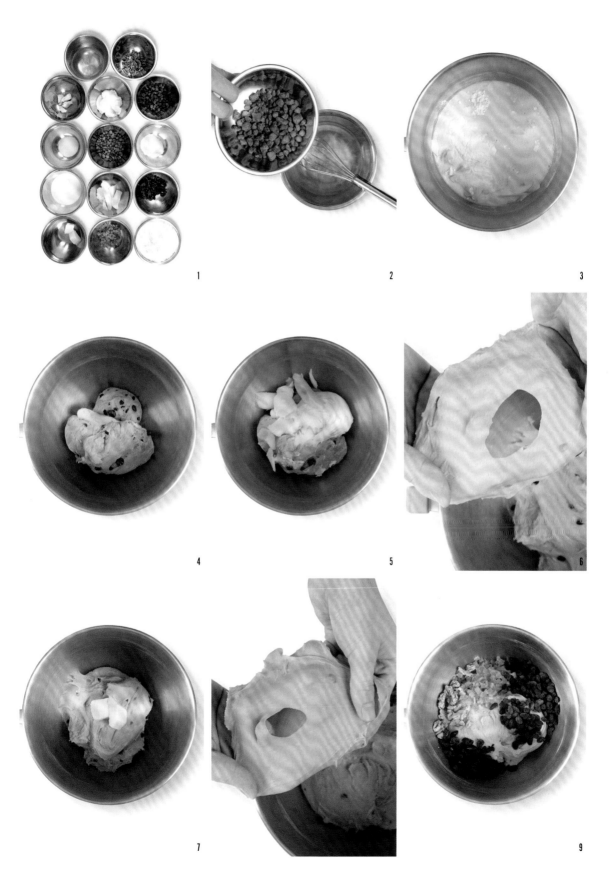

10 取出面团规整外形，盖上保鲜膜，放置室温发酵40～50分钟。发酵好后取出，分割成420克一个，揉圆，冷藏备用。

11 取出冷藏面团。

12 将面团表面微微蘸面包粉（配方用量外），用手掌按压排气。

13 整形成椭圆形。

14 将面团对折进行按压排气。

15 将面团进行再次对折按压排气。

16 用双手揉圆，放在烘焙油布上，并放入醒发箱（温度30℃，湿度80%）醒发40～50分钟。

17 醒发好的黑糖酵素面包表面筛撒面包粉（配方用量外）进行装饰。

18 在四边各割一刀，放入烤箱，上火240℃，下火200℃，入炉后喷蒸汽2秒，烘烤18分钟即可。

10

11

12

13

14

15

16

17

18

© 黑糖酵素软欧面包

© 红枣益菌多面包

红枣益菌多面包

材料（可制作12个）

红枣馅
无核红枣　400克

养乐多　80克

芝士馅
牛奶　260克

卡仕达粉　90克

奶油芝士　150克

酥粒
肯迪雅乳酸发酵黄油　250克

王后精致低筋面粉　350克

糖粉　175克

奶粉　100克

主面团
王后柔风甜面包粉　1000克

肯迪雅乳酸发酵黄油　80克

日式烫种　200克

牛奶液种（见P190）　300克

幼砂糖　100克

鲜酵母　30克

牛奶　200克

奶粉　20克

水　460克

盐　16克

其他
蛋液　适量

杏仁片　适量

墨西哥酱（见P156）　适量

制作方法

1 将制作红枣馅的材料称好放置备用。

2 将无核红枣切碎，和养乐多放在一起密封浸泡一晚。

3 将制作芝士馅的材料称好放置备用。

4 将牛奶与卡仕达粉混合，搅拌均匀。

5 把奶油芝士隔水软化后加入步骤4搅拌好的卡仕达酱中，搅拌均匀后放入盆中备用。

6 将制作酥粒的材料称好放置备用。

7 黄油隔水软化，加入糖粉搅拌均匀至发白状态。

8 加入奶粉和低筋面粉。

9 搅拌均匀至颗粒状，放入盆中冷冻存储。

10 将制作主面团的材料称好放置备用。

11 幼砂糖与水混合，搅拌至幼砂糖完全化开。

12 然后将面包粉、奶粉、鲜酵母和牛奶放入面缸中。

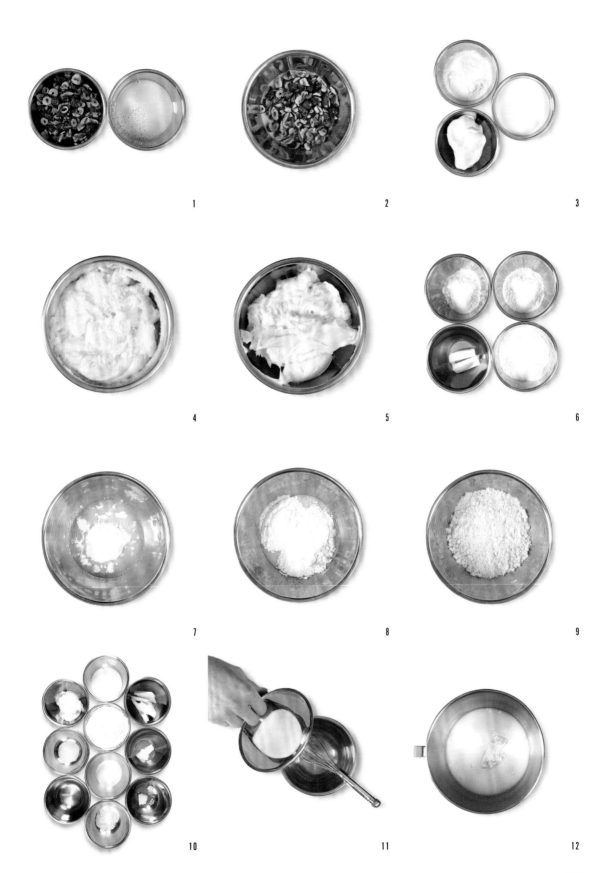

13 慢速搅拌至无干粉、无颗粒。

14 加入盐、日式烫种和牛奶液种。

15 待盐完全融入面团，快速搅拌至面筋扩展阶段，此时面筋具有弹性及良好的延展性，并能拉出较好的面筋膜，面筋膜表面光滑较厚，不透明，有锯齿。

16 加入黄油。

17 慢速搅拌均匀后转快速搅拌至面筋完全扩展阶段，此时面筋能拉开大片面筋膜且面筋膜薄，能清晰看到手指纹，无锯齿。

18 取出面团规整外形，盖上保鲜膜放置室温发酵40~50分钟。发酵好后取出，分割成200克一个，揉圆，冷藏备用。

19 从冷藏中取出面团放置备用。

20 将面团表面微微蘸面包粉（配方用量外），用擀面杖擀成圆形。

21 将芝士馅装入裱花袋，挤40克在面团上。

22 在芝士馅上铺40克浸泡好的红枣馅。

23 将面团底部收口整成三角形。

24 在面团表面刷蛋液，表面蘸酥粒，放入烤盘，并放入醒发箱（温度30℃，湿度80%）醒发40~50分钟；醒发好后在表面挤上墨西哥酱，再撒适量杏仁片，转入烤箱，上火220℃，下火180℃，入炉后喷蒸汽2秒，烘烤15分钟即可。

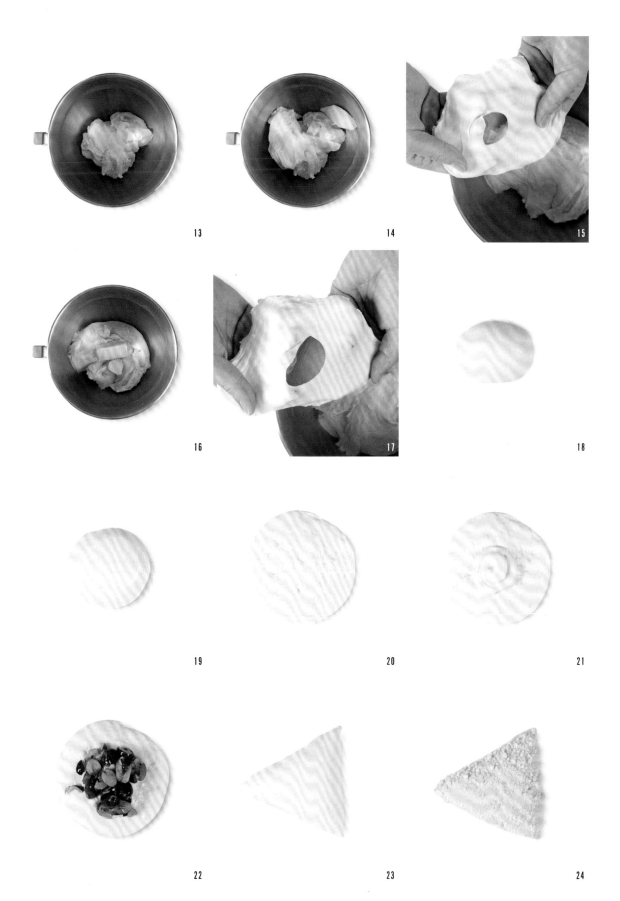

13

14

15

16

17

18

19

20

21

22

23

24

南国红豆面包

材料（可制作13个）

花生酱馅料

肯迪雅乳酸发酵黄油　70克

戚风蛋糕坯（见P204）　600克

糖粉　50克

花生酱　90克

其他

杏仁粉　适量

主面团

王后柔风甜面包粉　1000克

肯迪雅乳酸发酵黄油　80克

日式烫种　200克

牛奶液种（见P190）　300克

鲜酵母　30克

幼砂糖　100克

蜜红豆粒　200克

奶粉　20克

牛奶　200克

水　460克

盐　16克

制作方法

1. 将制作花生酱馅料的材料称好放置备用。

2. 把戚风蛋糕坯、黄油、糖粉和花生酱混合。

3. 搅拌均匀放入盆中备用。

4. 将制作主面团的材料称好放置备用。

5. 幼砂糖与水混合，搅拌至幼砂糖完全化开。

6. 将面包粉、奶粉、鲜酵母和牛奶放入面缸中，加入步骤5化好的糖水。

7. 慢速搅拌至无干粉、无颗粒。

8. 加入盐、日式烫种和牛奶液种。

9. 待盐完全融入面团，快速搅拌至面筋扩展阶段，此时面筋具有弹性及良好的延展性，并能拉出较好的面筋膜，面筋膜表面光滑较厚，不透明，有锯齿。

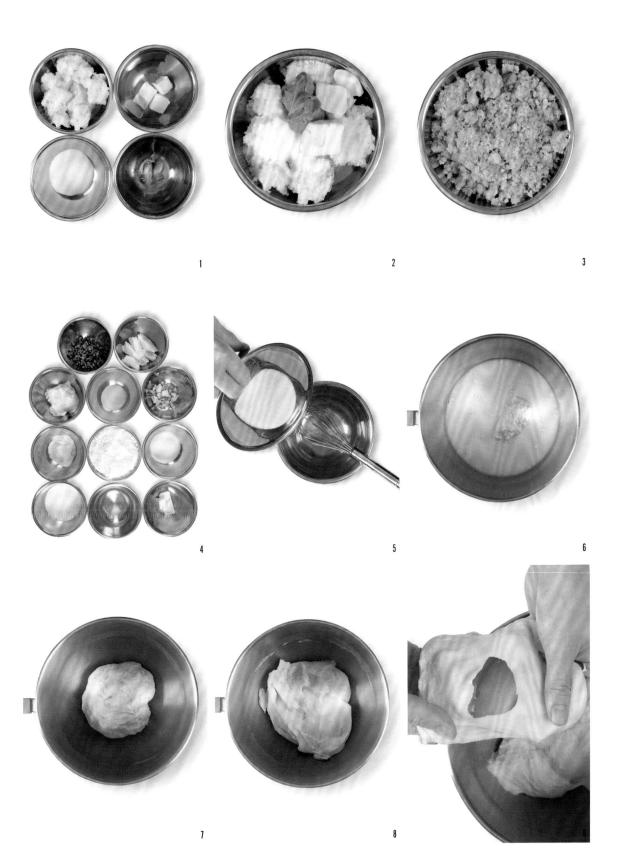

10 加入黄油。

11 慢速搅拌均匀后转快速搅拌至面筋完全扩展阶段，此时面筋能拉开大片面筋膜且面筋膜薄，能清晰看到手指纹，无锯齿。

12 加入蜜红豆粒，搅拌均匀后出缸。

13 取出面团规整外形，盖上保鲜膜放置室温发酵40～50分钟。发酵好后取出，分割成200克一个，揉圆，冷藏备用。

14 从冷藏中取出面团放置备用。

15 将面团表面微微蘸面包粉（配方用量外），用擀面杖擀成长条形，翻面底部收口。

16 在面团上均匀铺上60克花生酱馅料。

17 将面团由上到下卷起。

18 将整形好的面团表面喷水，蘸杏仁粉，放入烤盘，并放置醒发箱（温度30℃，湿度80%）醒发40～50分钟；醒发好后转入烤箱，上火220℃，下火180℃，入炉后喷蒸汽2秒，烘烤15分钟即可。

戚风蛋糕坯

材料

王后精制低筋面粉 140克	全蛋 70克
肯迪雅乳酸发酵黄油 70克	蛋黄 1750克
玉米淀粉 15克	蛋清 350克
幼砂糖 235克	柠檬汁 15克
玉米油 70克	盐 1克
牛奶 70克	

制作方法

1 将黄油、玉米油和牛奶混合，隔水加热至45℃，用蛋抽搅拌均匀至看不见油花的状态。

2 加入过筛后的面粉，用蛋抽搅拌均匀。

3 加入全蛋搅拌均匀，再加入蛋黄用蛋抽画"Z"字搅拌，防止搅拌起筋，然后放置备用。

4 把幼砂糖和玉米淀粉混合搅拌均匀。

5 蛋清中加入盐和柠檬汁，加入1/3的步骤4的混合物，中高速搅拌。

6 搅拌出大气泡时再加入1/3的步骤4的混合物，此时蛋清的颜色由透明转白，大气泡变小气泡。

7 搅打至泡沫绵密时，加入剩下的步骤4的混合物。

8 最终搅打至干性发泡，有直立小尖角的状态。

9 将打发好的蛋白分三次均匀加入步骤3的蛋黄糊中翻拌均匀。

10 最终搅拌至完全顺滑。

11 把搅拌好的面糊倒在烤盘上（烤盘底部垫一张烘焙油布防粘），用刮刀把表面抹至平整。

12 放入烤箱，上火180℃，下火180℃，烘烤20~22分钟，烤至表面金黄后即可出炉，放凉后备用。

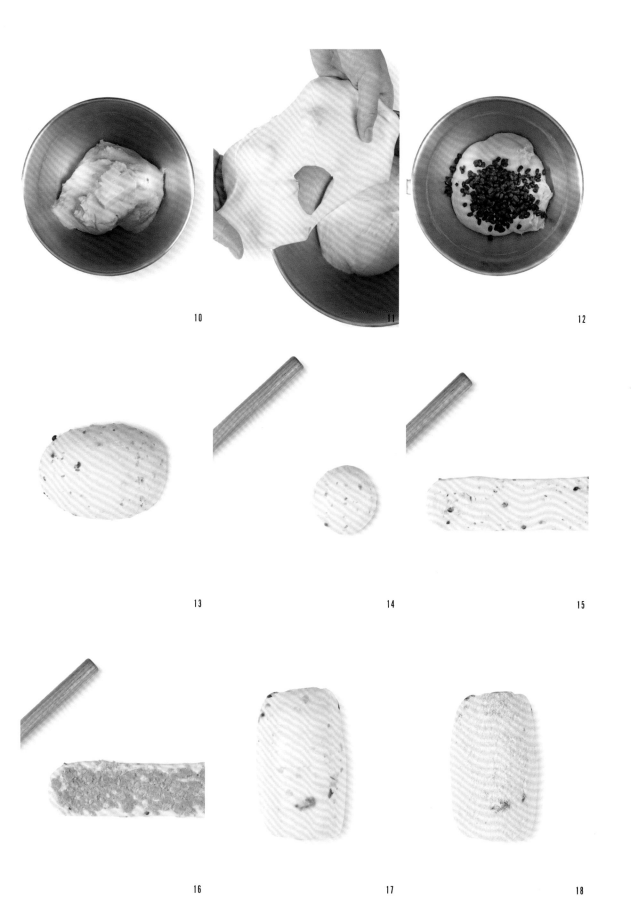

10

11

12

13

14

15

16

17

18

© 南国红豆面包

花式丹麦
系列

原味可颂

材料（可制作12个）

可颂面团　1000克

蛋液　适量

制作方法

1. 取出开酥并松弛好的可颂面团，用开酥机把面团的宽度压至32厘米，然后再换方向压长，最终厚度压到3.5毫米。取出用美工刀分割成底部宽10厘米、高30厘米的等腰三角形。

2. 把面团从三角形底部卷起来，面团两边间距要保持一致，最终接口要压到底部中间。

3. 整形完成后，均匀摆放到烤盘上，先放入醒发箱（温度26℃，湿度75%）回温半小时，然后把温度调到30℃，再醒发90分钟。

4. 醒发完成后取出，表面刷一层蛋液。放入烤箱，上火220℃、下火170℃，烘烤15～18分钟。烤至表面金黄即可出炉。

1

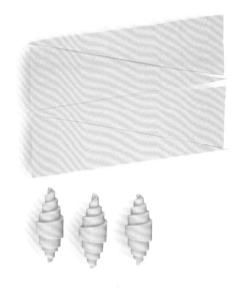

2

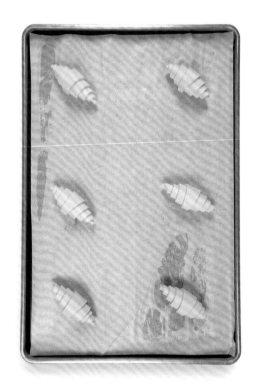

3

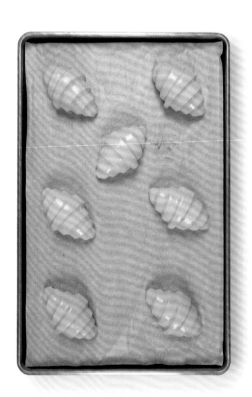

4

© 原味可颂

◎ 巧克力可颂

巧克力可颂

材料（可制作12个）

可颂面团　1000克

耐高温巧克力条　24根

蛋液　适量

制作方法

1 取出开酥并松弛好的可颂面团，用开酥机把面团的宽度压至32厘米，然后再换方向压长，最终厚度压到3.5毫米。取出用美工刀分割成长15厘米、宽9厘米的长方形。

2 在面团底部往上1/5处，先放一根耐高温巧克力条，然后把面团卷一圈包裹住。

3 在接口处再放一根耐高温巧克力条，然后顺着卷起来，接口压到底部中间。

4 整形完成后，均匀摆放到烤盘上，先放入醒发箱（温度26℃，湿度75%）回温半小时，然后把温度调到30℃，再醒发90分钟。

5 醒发完成后取出，表面刷一层蛋液。放入烤箱，上火220℃、下火170℃，烘烤15～18分钟。烤至表面金黄即可出炉。

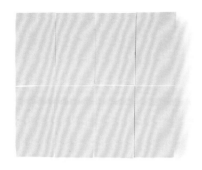

1

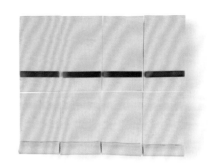

2

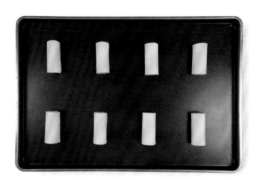

3

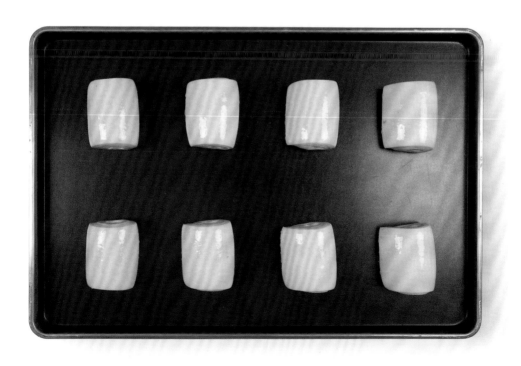

4

5

凤梨丹麦

材料（可制作12个）

牛奶卡仕达酱

王后精致低筋面粉 30克

肯迪雅乳酸发酵黄油 100克

玉米淀粉 20克

幼砂糖 120克

牛奶 500克

蛋黄 150克

其他

可颂面团 1000克

蛋液 适量

开心果碎 适量

凤梨 10片

制作方法

1　将制作牛奶卡仕达酱的材料称好放置备用。

2　幼砂糖与蛋黄混合搅拌均匀，加入面粉与玉米淀粉，再次搅拌均匀。牛奶倒入厚底锅中在电磁炉上烧开，然后缓慢地倒入搅拌好的蛋黄糊中搅拌均匀。

3　搅拌好的液体再次倒入厚底锅中用小火加热，持续搅拌直至浓稠冒泡，再加入黄油。

4　搅拌均匀，用保鲜膜贴面包裹，冷藏备用。

5　取出开酥并松弛好的可颂面团，用开酥机把面团的宽度压至32厘米，然后再换方向压长，最终厚度压到3.5毫米。取出用美工刀分割成边长10厘米的正方形。

6　把面团均匀摆放到烤盘上，先放入醒发箱（温度30℃，湿度75%）醒发70分钟。

7　醒发完成后取出，表面刷一层蛋液，注意不要将蛋液刷到侧边的酥层。

8　在面团中心外转圈挤上牛奶卡仕达酱。

9　放上一片凤梨，放入烤箱，上火220℃，下火170℃，烘烤15～18分钟。烤至表面金黄色即可出炉。等冷却后，在表面装饰开心果碎即可。

© 法式布朗尼巧克力丹麦

法式布朗尼巧克力丹麦

材料（可制作12个）

巧克力布朗尼

肯迪雅乳酸发酵黄油　200克

柯氏51%牛奶巧克力　140克

柯氏72%黑巧克力　200克

王后精致低筋面粉　345克

幼砂糖　350克

泡打粉　5克

提子干　200克

全蛋　250克

盐　1克

巧克力贴皮面团

可颂面团　200克

可可粉　15克

其他

可颂面团　1000克

果胶　适量

开心果碎　适量

制作方法

1　将制作巧克力布朗尼的材料称好放置备用。

2　将全蛋与幼砂糖混合，搅拌至幼砂糖完全化开；将黑巧克力、牛奶巧克力与黄油放在厚底锅中，小火加热至化开。将搅拌好的蛋液倒入盛有化开巧克力的锅中。

3　加入面粉，搅拌均匀。

4　加入提子干，搅拌均匀。

5　倒入铺有烘焙油布的烤盘中，约半盘的量。

6　放入风炉烤箱，170℃烘烤30分钟。

7　出炉冷却后，用直径4厘米的圆形刻模刻出形状，放置备用。

8　将制作巧克力贴皮面团的材料称好放置备用。

9　将可可粉与可颂面团混合，揉匀。

10　用擀面杖擀至长方形，用保鲜膜包裹，冷藏松弛40分钟。然后取出提前开酥好的可颂面团，表面喷水，放上巧克力贴皮面团，用保鲜膜包裹，冷冻至不软不硬的状态。

11　取出用开酥机把面团的宽度压至40厘米，然后再换方向压长，最终厚度压到3.5毫米。用美工刀刻出直径15厘米的圆形，再用刻布朗尼的模具刻出小的面团。

12　将小面团用擀面杖擀薄放在4寸汉堡模具底部。

13　在直径15厘米的圆形面皮上从里向外划16刀，注意不要划断。翻面，使白色部分朝上。

14　将步骤7刻好的巧克力布朗尼放在面团中间。

15　将划开的面团扭成麻花形翻转放入模具，放入醒发箱（温度30℃，湿度75%）醒发90分钟，醒发好后转入烤箱，上火210℃，下火200℃，烘烤18分钟，出炉后表面刷果胶，撒开心果碎即可。

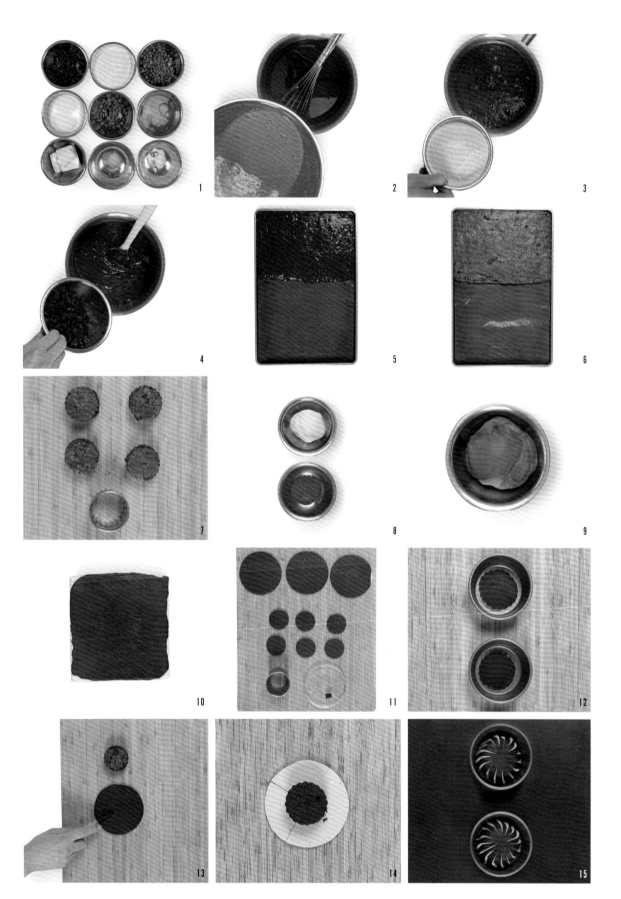

树莓磅蛋糕起酥

材料（可制作12个）

树莓馅
宝茸树莓果泥　500克

葡萄糖　40克

幼砂糖　180克

吉利丁粉　5克

水　15克

红色面皮
可颂面团　200克

马卡龙红色色粉　10克

其他
可颂面团　1250克

戚风蛋糕坯（见P204）　300克

芝士馅　240克

果胶　适量

开心果碎　适量

制作方法

1　将制作树莓馅的材料称好放置备用。

2　把幼砂糖与树莓果泥倒入厚底锅中，再加入葡萄糖。

3　将吉利丁粉与水混合搅拌均匀，等树莓果泥烧开以后关火倒入，搅拌均匀。

4　倒入直径4厘米的圆形硅胶模具中急速冷冻。

5　将制作红色面皮的材料称好放置备用。

6　将马卡龙红色色粉与可颂面团混合，揉匀。

7　用擀面杖擀成长30厘米、宽20厘米的长方形，用保鲜膜包裹，冷藏松弛40分钟。

8　取出开酥并松弛好的可颂面团，表面喷水，放上红色面皮，用保鲜膜包裹，冷冻至不软不硬的状态。

9　取出用开酥机把面团的宽度压至40厘米，然后再换方向压长，最终厚度压到3.5毫米。用美工刀刻出边长为12厘米的正方形，再平均切分成4个小正方形。

10　将小正方形面皮沿对角切开成三角形，把三角形两边黏合放入模具中，共放置8块。

11　将戚风蛋糕坯用直径4厘米的圆形刻模刻出形状，放在中心部位，用手压紧。

12　放入醒发箱（温度30℃，湿度75%）醒发90分钟，醒发好后在表面挤芝士馅，放入烤箱，上火210℃，下火200℃，烘烤18分钟，出炉后表面刷果胶，撒开心果碎，放入冻好的树莓馅即可。

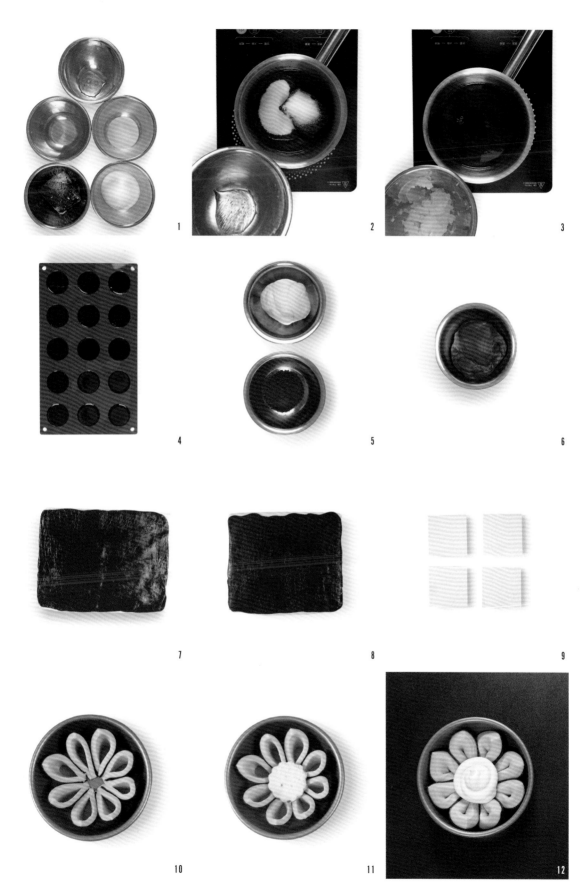

◎ 树莓磅蛋糕
起酥

维也纳枫糖
核桃

维也纳枫糖核桃

材料（可制作25个）

奶油酱

牛奶　500克

卡仕达粉　170克

奶油芝士　500克

其他

可颂面团　2000克

核桃　适量

果胶　适量

开心果碎　适量

制作方法

1　将制作奶油酱的材料称好放置备用。

2　把牛奶与卡仕达粉混合，搅拌均匀。

3　将奶油芝士隔水软化，加入步骤2的卡仕达酱中。

4　搅拌均匀，装入裱花袋，冷藏保存。

5　取出开酥并松弛好的可颂面团，用开酥机把面团的宽度压至33厘米，然后再换方向压长，最终厚度压到3.5毫米。把准备好的模具（用硬纸板手工刻成，直径约11厘米）放在面团上，用美工刀刻出50片花形面皮。

6　取25片花形面皮，用型号SN7095的裱花嘴在中间刻一个洞，再用型号SN7068的裱花嘴在边缘刻出六个小洞。

7　在另外25片完整的面皮上挤奶油酱。

8　把核桃放在奶油酱上。

9　将面皮边缘刷薄薄一层水，盖上刻出小洞的面皮，放入烤盘，并放入醒发箱（温度30℃，湿度75%）醒发60分钟，醒发好后转入烤箱，上火210℃，下火200℃，烘烤18分钟，出炉后表面刷果胶，撒开心果碎即可。

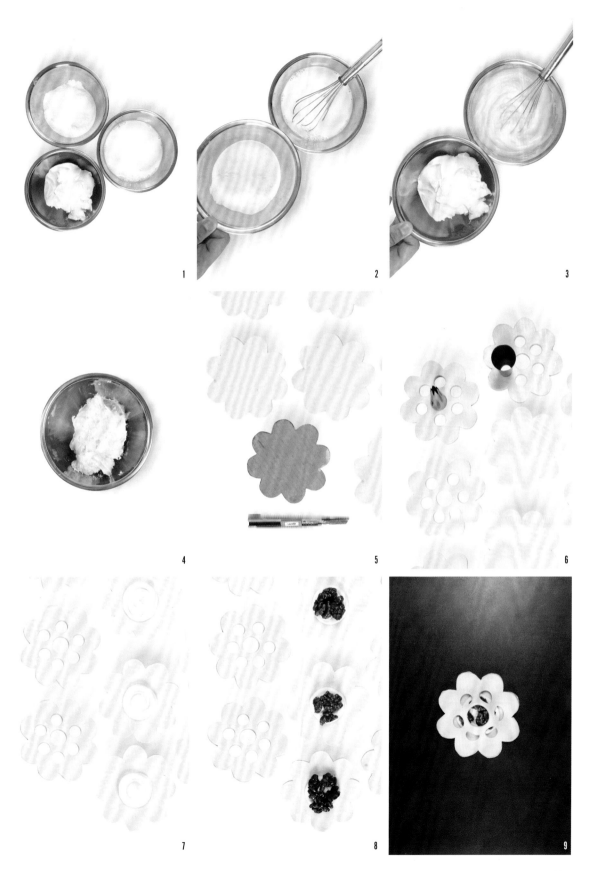

树莓丹麦

材料（可制作12个）

牛奶卡仕达酱
牛奶　270克

蛋黄　80克

幼砂糖　65克

王后精致低筋面粉　15克

玉米淀粉　10克

肯迪雅乳酸发酵黄油　55克

其他
可颂面团　1000克

蛋液　适量

新鲜树莓　适量

开心果碎　适量

制作方法

1 将制作牛奶卡仕达酱的材料称好放置备用。

2 幼砂糖与蛋黄混合，搅拌均匀，加入面粉与玉米淀粉，再次搅拌均匀。牛奶倒入厚底锅中，在电磁炉上烧开，缓慢地倒入搅拌好的蛋黄糊中搅拌均匀。

3 搅拌好的液体再次倒入厚底锅中用小火加热，持续搅拌直至浓稠冒泡，加入黄油。

4 搅拌均匀，用保鲜膜贴面包裹，冷藏备用。

5 取出开酥并松弛好的可颂面团，用开酥机把面团的宽度压至32厘米，然后再换方向压长，最终厚度压到3.5毫米。取出用美工刀分割成边长10厘米的正方形。

6 把面团均匀摆放到4寸汉堡模具里，放入醒发箱（温度30℃，湿度75%）醒发70分钟。

7 醒发完成后取出，表面刷一层蛋液，注意不要将蛋液刷到侧边的酥层，在面团中心处转圈挤上20克牛奶卡仕达酱，然后放入烤箱，上火220℃，下火170℃，烘烤15～18分钟。烤至表面金黄色即可出炉。出炉冷却后，在中心再次挤上20克牛奶卡仕达酱，表面装饰新鲜树莓，最后在面包四个边角粘上少许开心果碎装饰即可。

你还可以这样做

扫码查看洋梨丹麦制作方法

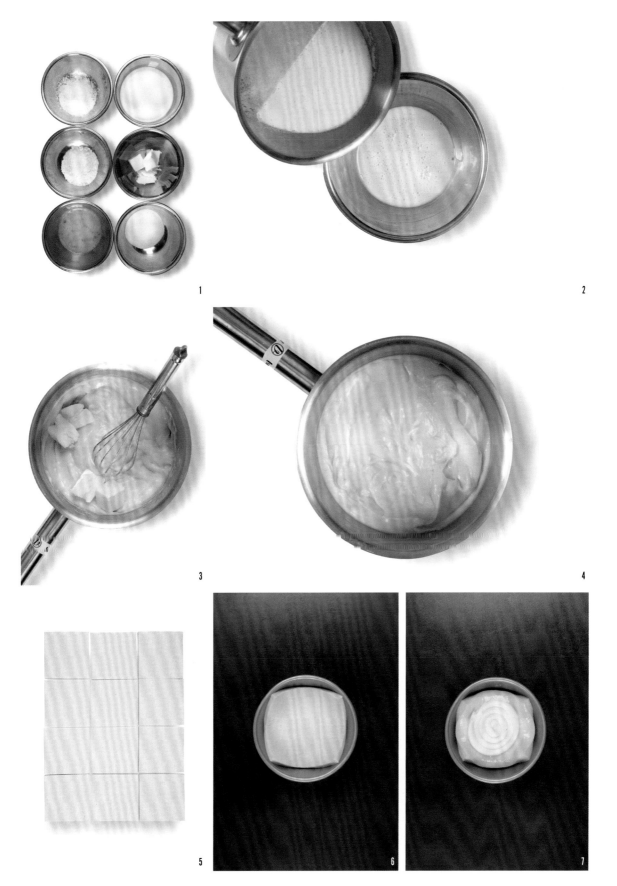

© 树莓丹麦

◎ 卡仕达可芬

卡仕达可芬

材料（可制作10个）

卡仕达馅

牛奶　500克

卡仕达粉　120克

肯迪雅稀奶油　500克

其他

可颂面团　1000克

幼砂糖　适量

装饰小饼干　适量

脱模油　适量

肯迪雅乳酸发酵黄油　适量

制作方法

1 将制作卡仕达馅的材料称好放置备用。

2 把牛奶和卡仕达粉混合，搅拌均匀。

3 将稀奶油微微打发，加入步骤2搅拌均匀的材料。

4 搅拌均匀，装入裱花袋，冷藏保存。

5 取出开酥并松弛好的可颂面团，用开酥机把面团的宽度压至42厘米，然后再换方向压长，最终厚度压到3.5毫米。取出用美工刀分割成长20厘米、宽3厘米的长方形。

6 将3个长方形面团叠压，每个距离1.5厘米，然后由上到下卷起，将尾部面团折叠在面团中间并按压。

7 可芬模具均匀地喷上脱模油，放入步骤6的面团，在面团中间部分用手指按压。放入醒发箱（温度30℃，湿度75％）醒发90分钟，醒发好后转入烤箱，上火210℃，下火210℃，烘烤18分钟。

8 出炉冷却后戴上手套，用筷子或竹扦在面包中间部分打洞。

9 把黄油化开，均匀地刷在面包上。

10 表面均匀地撒上幼砂糖，挤入卡仕达馅，表面装饰小饼干即可。

你还可以这样做

扫码查看爆浆巧克力可芬制作方法

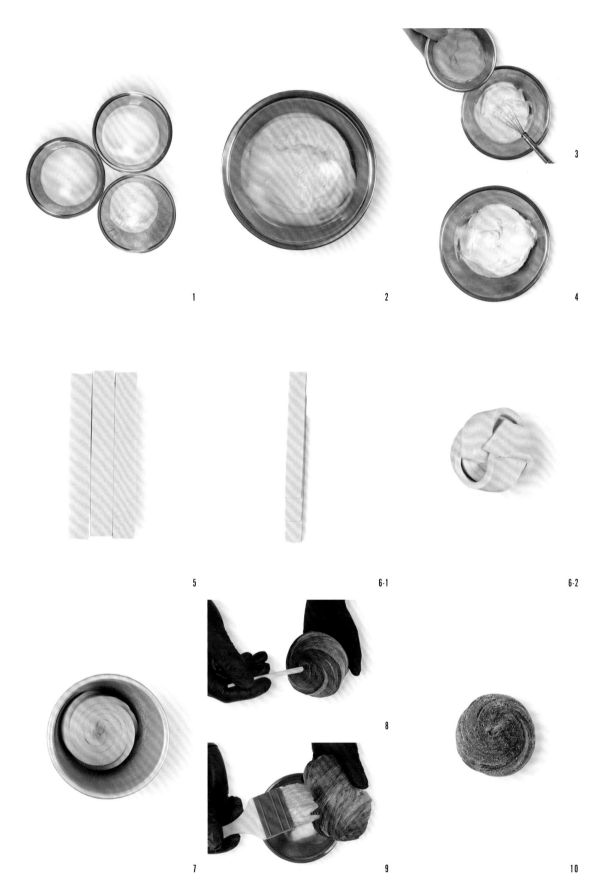

焦糖苹果丹麦

材料（可制作12个）

焦糖苹果

幼砂糖　200克

水　20克

苹果片　2个量

其他

可颂面团　1000克

蛋液　适量

制作方法

1　将制作焦糖苹果的材料称好放置备用。

2　把幼砂糖和水倒入厚底锅，放电磁炉上开中火熬成焦糖色。

3　把切好的苹果片倒入翻炒均匀。

4　翻炒均匀后停火，留在锅里浸泡10分钟。倒出过滤掉水分后即可使用。

5　取出开酥并松弛好的可颂面团，用开酥机把面团的宽度压至32厘米，然后再换方向压长，最终厚度压到3.5毫米。取出用美工刀分割成边长10厘米的正方形。

6　把面团均匀摆放到烤盘上，放入醒发箱（温度30℃，湿度75%）醒发70分钟。

7　醒发完成后取出，表面刷一层蛋液，注意不要将蛋液刷到侧边的酥层。

8　面团表面重叠放5片焦糖苹果，放入烤箱，上火220℃，下火170℃，烘烤15～18分钟。烤至表面金黄色即可出炉。

开心果蜗牛卷

材料（可制作10个）

开心果酱

开心果仁　85克

杏仁粉　17克

幼砂糖　42克

水　25克

牛奶　34克

其他

可颂面团　900克

蛋液　适量

制作方法

1. 将制作开心果酱的材料称好放置备用。
2. 把幼砂糖、牛奶和水放入厚底锅中用电磁炉煮开。
3. 倒入破壁机中。
4. 搅拌成泥状即可装入裱花袋备用。
5. 取出开酥并松弛好的可颂面团，用开酥机把面团的宽度压至42厘米，然后再换方向压长，最终厚度压到3.5毫米。把面团切割成长40厘米、宽30厘米的长方形，在表面挤上200克开心果酱，涂抹均匀。
6. 把面团从下往上卷起，搓成长30厘米、大小均匀的长条。
7. 用锯刀把面团切分成10块，每块宽3厘米。
8. 把面团均匀摆放到烤盘里，放入醒发箱（温度30℃，湿度75%）醒发70分钟。
9. 醒发完成后取出，放上一个直径12厘米的慕斯圈，表面刷一层蛋液，放入烤箱，上火220℃，下火170℃，烘烤15~18分钟。烤至表面金黄色即可出炉。

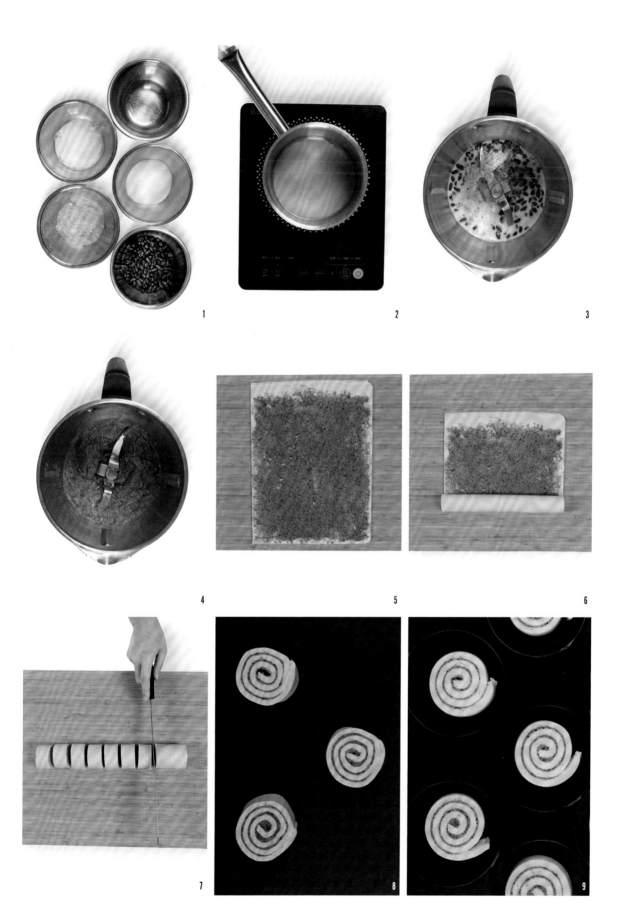

© 开心果蜗牛卷

传统法式
系列

传统法棍

材料（可制作5个）

伯爵传统T65面粉　1000克

麦芽精　5克

水（A）　600克

鲜酵母　5克

鲁邦种　200克

水（B）　50克

盐　20克

制作方法

1　将所有材料称好放置备用。

2　将面粉和水（A）倒入面缸中，搅拌均匀至无干粉，放入盆中冷藏静置水解40分钟。

3　加入鲜酵母、麦芽精和鲁邦种，继续慢速搅拌均匀。

4　观察面团的状态，当面团搅拌至八成面筋时分次加入水（B），并加入盐融合，转快速搅拌至面团不粘缸、表面光滑且具有延展性，此时能拉开面筋膜。

5　取出面团后将烤盘喷洒脱模油（配方用量外），规整面团，放入烤盘中，室温发酵45分钟。

6　翻面，将面团顶部朝下，四周向中间折叠规整，然后继续室温发酵45分钟。

7　取出发酵好的面团，分割成350克一个，预整形为圆柱形，放在发酵布上，继续室温发酵35分钟。发酵好后取出，用手掌拍压，将多余的气体拍出。

8　将面团较光滑的一面朝下，把底部的面团向中间折叠。

9　将顶端的面团向中间折叠，直至盖住底端折叠的面团。

10　用手掌的掌根处将面团两边对接处压实，搓成长55~58厘米的长条。

11　将整形好的面团底部朝上，放在发酵布上，室温发酵60~80分钟。

12　把醒发好的面团接口处朝下，放在烘焙油布上。用刀片在面团表面斜着划5刀（把表皮划破就好）。放入烤箱，上火250℃，下火210℃，入炉后喷蒸汽2秒，烘烤15分钟，打开风门继续烘烤10~12分钟即可。

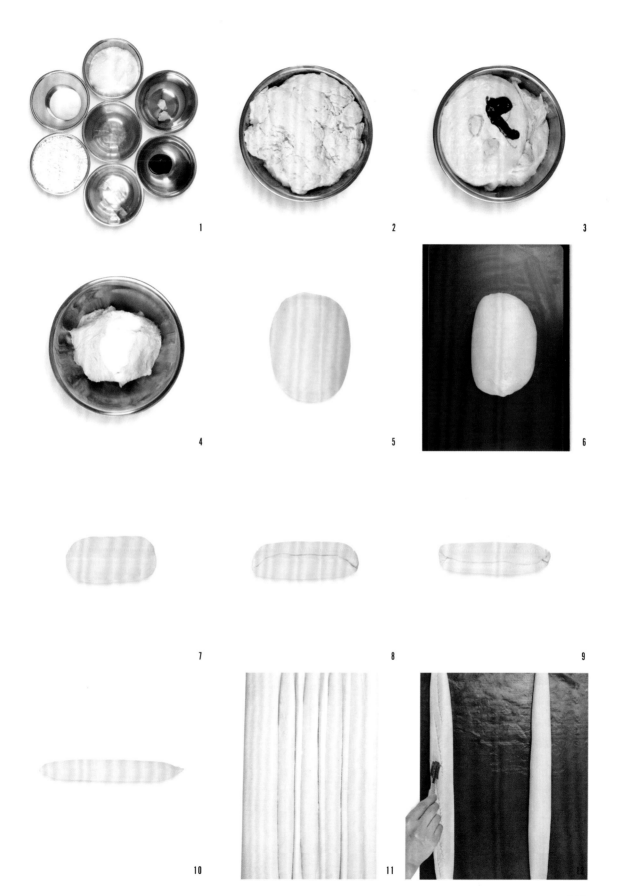

© 传统法棍

◎ 种子多谷物欧包

种子多谷物欧包

材料（可制作6个）

伯爵传统T65面粉　1000克

麦芽精　5克

水（A）620克

鲜酵母　5克

鲁邦种　200克

水（B）50克

盐　20克

白芝麻　50克

黑芝麻　50克

葵花籽　50克

亚麻籽　50克

燕麦片　50克

制作方法

1 将所有材料称好放置备用。

2 将面粉、麦芽精、鲜酵母和水（A）倒入面缸中，搅拌至均匀无干粉，放入盆中冷藏，静置水解40分钟。

3 加入盐和鲁邦种，继续慢速搅拌均匀。

4 观察面团的状态，当面团搅拌至八成面筋时加入白芝麻、黑芝麻、葵花籽、亚麻籽、燕麦片及水（B），搅拌均匀，转快速搅拌至面团不粘缸、表面光滑且具有延展性，此时能拉开面筋膜。

5 取出面团，将烤盘喷洒脱模油（配方用量外），规整面团，放入烤盘中，室温发酵45分钟。

6 翻面，将面团顶部朝下，四周向中间部位折叠规整，然后继续室温发酵45分钟。取出发酵好的面团，分割成350克一个，预整形为圆形，放在发酵布上，继续室温发酵35分钟。

7 取出发酵好的面团，用手掌拍压，将多余的气体拍出。

8 将面团较光滑的一面朝下，把底部的面团向中间折叠。

9 将顶端的面团向中间折叠，直至盖住底端折叠的面团。

10 用手掌的掌根处将面团的两边对接处压实，搓成长橄榄形。

11 将整形好的面团底部朝上，放在发酵布上，室温发酵60~80分钟。

12 把醒发好的面团接口处朝下，放在烘焙油布上。用刀片在面团表面划直刀（把表皮划破就好）。放入烤箱，上火250℃，下火210℃，入炉后喷蒸汽2秒，烘烤15分钟，打开风门继续烘烤10~12分钟即可。

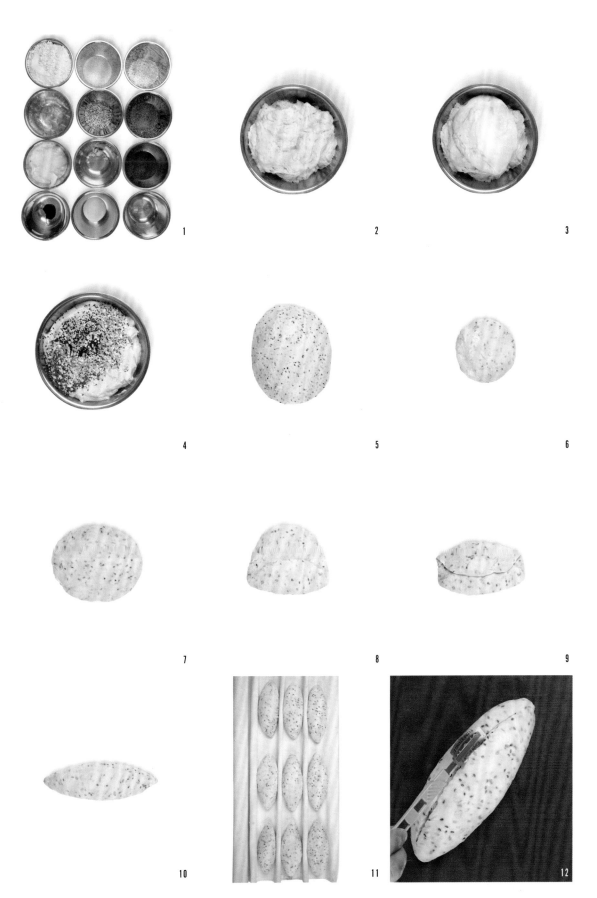

黑麦无花果

材料（可制作6个）

伯爵传统T65面粉　800克

伯爵传统T170黑麦粉　200克

麦芽精　5克

水（A）620克

鲜酵母　5克

鲁邦种　200克

水（B）50克

盐　20克

无花果干　200克

黑提子干　50克

制作方法

1 将所有材料称好放置备用。

2 将面粉、黑麦粉、麦芽精、鲜酵母和水（A）倒入面缸中，搅拌至均匀无干粉，放入盆中冷藏，静置水解40分钟。

3 加入盐和鲁邦种，继续慢速搅拌均匀。

4 待盐完全融入面团，分次慢慢加入水（B），搅拌均匀，然后转快速搅拌至面筋扩展阶段，此时面筋具有弹性及良好的延展性，并能拉出较好的面筋膜，面筋膜表面光滑无锯齿。加入无花果干和黑提子干，慢速搅拌均匀。

5 取出面团，将烤盘喷洒脱模油（配方用量外），规整面团，放入烤盘中，室温发酵45分钟。

6 翻面，将面团顶部朝下，四周向中间部位折叠规整，然后继续室温发酵45分钟。

7 取出发酵好的面团，分割成350克一个，预整形为圆柱形，放在发酵布上，继续室温发酵35分钟。发酵好后取出，用手掌拍压，将多余的气体拍出。

8 将面团较光滑的一面朝下，把顶部的面团向中间折叠。

9 再将面团两边对折，整形成水滴形。

10 将面团细的一端用手掌搓长形成鱼钩状。

11 将整形好的面团放在发酵布上，室温发酵60～80分钟。

12 把醒发好的面团放在烘焙油布上，在表面均匀地撒上面粉（配方用量外）。用刀片在面团表面划四刀（把表皮划破就好），放入烤箱，上火250℃，下火210℃，入炉后喷蒸汽2秒，烘烤15分钟，打开风门继续烘烤10～12分钟即可。

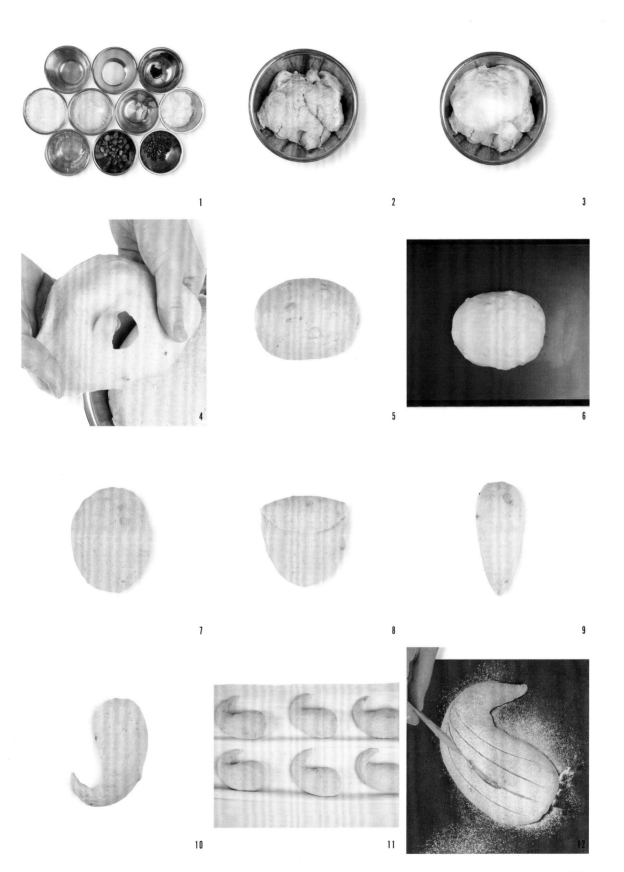

1 2 3

4 5 6

7 8 9

10 11 12

© 黑麦无花果

◎ 蜜饯洛代夫

蜜饯洛代夫

材料（可制作12个）

伯爵传统T65面粉　1000克
麦芽精　5克
水（A）　650克
鲜酵母　10克
鲁邦种　200克
水（B）　50克
盐　20克
芒果丁　100克
柠檬丁　100克

制作方法

1　将所有材料称好放置备用。

2　将面粉、水（A）、麦芽精和鲜酵母倒入面缸中，搅拌至均匀无干粉，放入盆中冷藏，静置水解40分钟。

3　加入盐和鲁邦种，继续慢速搅拌均匀。观察面团的状态，当面团搅拌至八成面筋时分次加入水（B），转快速搅拌至面团不粘缸、表面光滑具有延展性，此时能拉开面筋膜。

4　加入芒果丁和柠檬丁，搅拌均匀。

5　取出面团，将烤盘喷洒脱模油（配方用量外），规整面团，放入烤盘中，室温发酵45分钟。

6　翻面，将面团顶部朝下，四周向中间折叠规整，然后继续室温发酵45分钟。

7　取出发酵好的面团，分割成三角形（干克求重量），正反面裹住面粉（配方用量外）。

8　将整形好的面团底部朝上，放在发酵布上，室温发酵40～50分钟。

9　把醒发好的面团底部朝上放在烘焙油布上。放入烤箱，上火250℃，下火210℃，入炉后喷蒸汽2秒，烘烤15分钟，打开风门继续烘烤10～12分钟即可。

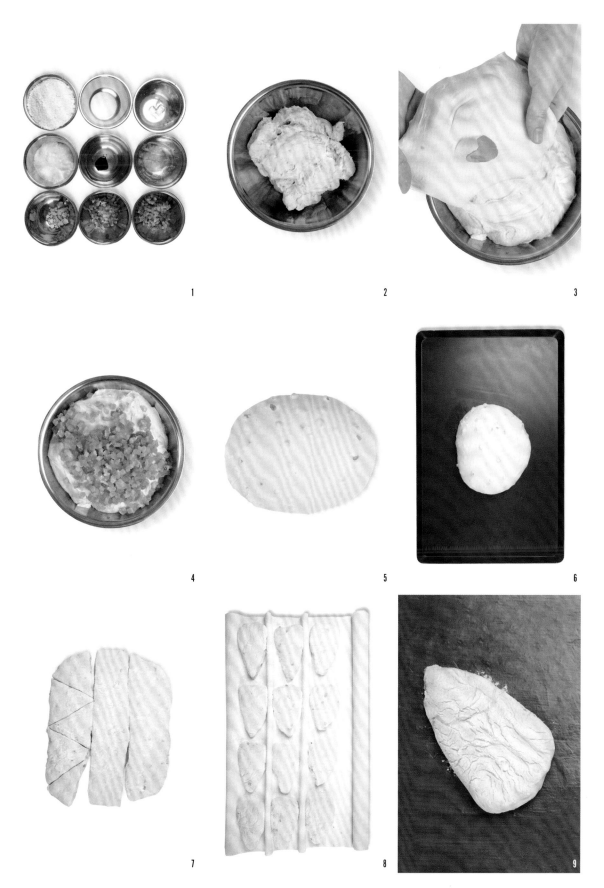

恰巴塔

材料（可制作12个）

伯爵传统T65面粉　1000克

麦芽精　5克

水　650克

鲜酵母　8克

鲁邦种　200克

橄榄油　80克

盐　20克

制作方法

1　将所有材料称好放置备用。

2　把面粉、水和麦芽精放入面缸中，慢速把面团搅拌至没有干粉成团后，取出放在盆里，密封放在冷藏冰箱水解30分钟。

3　面团水解好后，加入盐、鲁邦种和鲜酵母。先慢速搅拌至材料完全化开、面团呈光滑状，然后边慢速搅拌边分次慢速添加橄榄油。

4　把面团搅拌至九成面筋，此时能拉出表面光滑的薄膜，孔洞边缘处光滑无锯齿。

5　取出面团，表面整理光滑，放在发酵盒里，放置在22~26℃的常温下基础发酵50分钟，倒出进行翻面，先从左右两边把面团往中间折1/3，然后从上下两边再次往中间折1/3，然后放回发酵盒里再次发酵50分钟。

6　面团基础发酵好后，在发酵布上撒一层面粉（配方用量外），再把面团倒出来，然后整成方形，厚薄保持一致。用刮板把面团切成大小均匀的方块，每块面团约160克。

7　面团切好后，把边缘的切口裹上一层面粉（配方用量外），然后均匀放到发酵布上盖起来，放在22~26℃的常温下最终醒发60分钟。

8　面团醒发好后，用法棍转移板把面团转移到烘焙油布上，面团底部朝上，然后放入烤箱，上火250℃，下火220℃，入炉后喷蒸汽2秒，烘烤约24分钟。出炉后，把面包转移到网架上冷却即可。

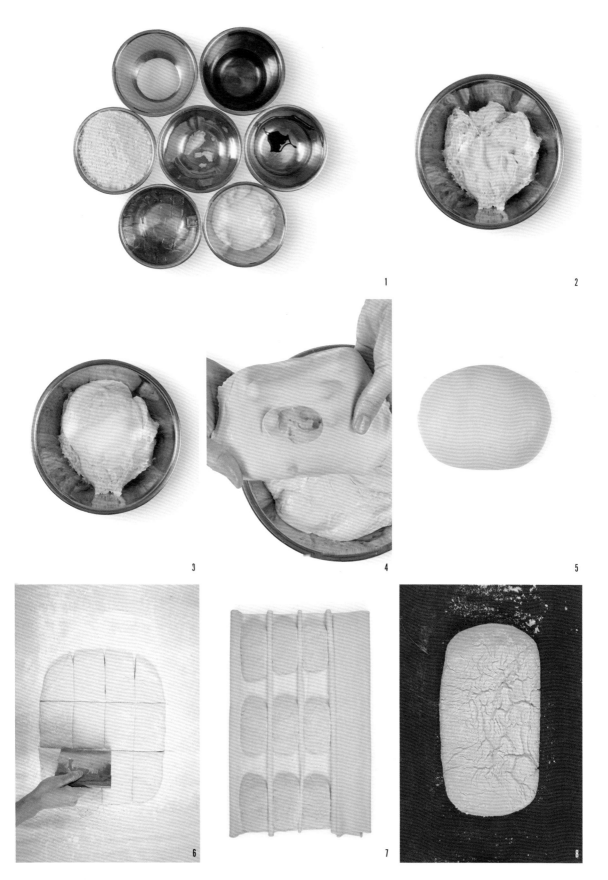

©红枣核桃营养面包

红枣核桃营养面包

材料（可制作6个）

伯爵传统T65面粉　700克

王后特制全麦粉　200克

伯爵传统T170面粉　100克

麦芽精　5克

水（A）　650克

鲜酵母　8克

鲁邦种　200克

水（B）　50克

盐　20克

红枣碎　200克

核桃碎　100克

制作方法

1　将所有材料称好放置备用。

2　把T65面粉、T170面粉、全麦粉、水（A）和麦芽精放入面缸中，使用慢速把面团搅拌至没有干粉成团后，取出放在盆里，密封放在冷藏冰箱水解30分钟。

3　面团水解好后，加入鲁邦种和鲜酵母。慢速搅拌至材料与面团融合。加入盐，先慢速搅拌至盐完全化开，然后边慢速搅拌边分次慢慢加入水（B）。

4　把面团搅拌至九成面筋，此时能拉出表面光滑的薄膜，孔洞边缘处光滑无锯齿。

5　加入红枣碎和核桃碎，慢速搅拌均匀。

6　取出面团，表面整理光滑，放在发酵盒里，放置在22~26℃的环境下基础发酵50分钟。

7　把面团倒出进行翻面，从两边把面团往中间折1/3，光滑面朝上放回发酵盒里再次发酵50分钟。

8　面团基础发酵好后，在发酵布上撒一层面粉（配方用量外），再把面团倒出来，分割成350克一个。预整形成圆形，密封放置在常温环境下松弛30分钟。面团松弛好后，取出先光滑面朝上把面团排气拍扁，然后翻过来令底部朝上。

9　把面团从一边提起往中间折1/3。

10　再把面团另一边往中间折1/3。

11　最后把面团从中间再次对折，做成长20厘米的橄榄形。然后把面团放到发酵布上盖起来，放置在22~26℃的环境下最终醒发60分钟。

12　面团醒发好后，用法棍转移板把面团转移到烘焙油布上，接着在表面筛一层T65面粉（配方用量外）。最后用法棍割刀在表面上划出间隔均匀的条纹刀口（把表皮划破就好）。放入烤箱，上火250℃，下火220℃，入炉后喷蒸汽2秒，烘烤约25分钟。出炉后，把面包转移到网架上冷却即可。

德式黑麦酸面包

材料（可制作2个）

伯爵传统T170黑麦粉　800克

鲜酵母　4克

盐　18克

鲁邦种　440克

水（65℃）　720克

冰水　40克

制作方法

1 将所有材料称好放置备用。

2 将鲜酵母放入冰水中，使酵母溶解。将720克水加热至65℃备用，把黑麦粉、盐、鲁邦种和65℃水放入搅拌缸中，慢速搅拌均匀，待面团温度有所下降后加入酵母溶液，慢速搅拌至面团表面光滑（此时面团温度在36℃左右）。

3 面团放入周转箱中，放在22～26℃的环境下发酵90分钟。

4 将面团分割成1000克一个，放在帆布上。

5 在面团表面均匀地撒上黑麦粉（配方用量外）。

6 把面团四周轻轻塞入面团内部中心位置。

7 将面团翻面，纹路朝下，用双手转动使其纹路更加清晰。

8 放入撒有黑麦粉（配方用量外）的藤篮中，面团纹路面朝藤篮下方。

9 放在22～26℃的环境下密封发酵30分钟，然后倒扣在烘焙油布上冷藏20分钟，放入烤箱，上火250℃，下火230℃，入炉后喷蒸汽2秒，以烤25分钟，使面团快速膨胀，将烤箱温度调整为上火200℃，下火220℃，再烘烤25分钟即可。

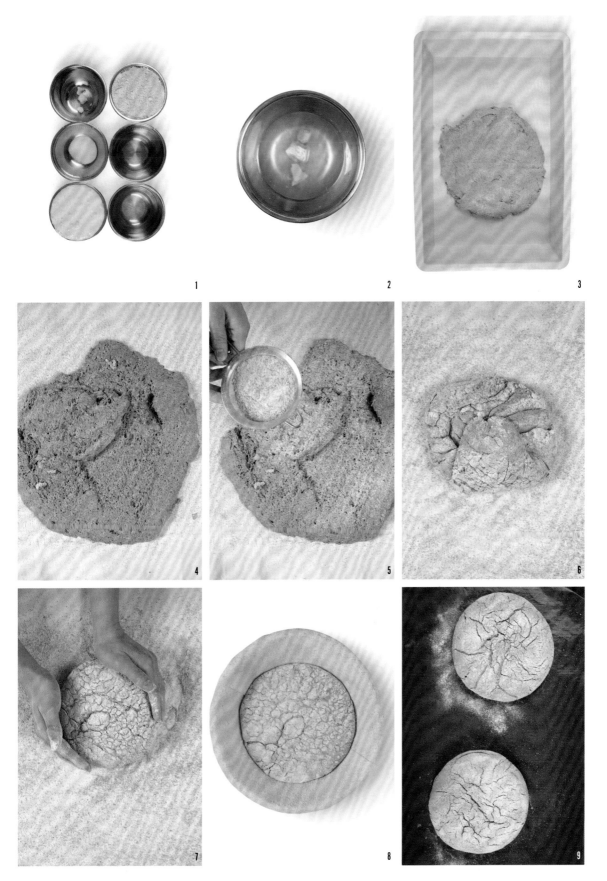

◎ 德式黑麦酸面包

◎ 德式黑麦酸种
脆皮谷物面包

德式黑麦酸种脆皮谷物面包

材料（可制作3个）

伯爵传统T170黑麦粉　1000克

鲜酵母　5克

杂粮谷物装饰粒　300克

盐　22克

鲁邦种　550克

水（65℃）　1100克

冰水　100克

制作方法

1　将所有材料称好放置备用。

2　将鲜酵母放入冰水中，使酵母溶解。将1100克水加热至65℃备用，把黑麦粉、盐、鲁邦种和65℃水放入搅拌缸中，慢速搅拌均匀，待面团温度有所下降后加入酵母溶液，慢速搅拌均匀。

3　加入杂粮谷物装饰粒，慢速搅拌至面团表面光滑（此时面团温度在36℃左右）。

4　面团放入周转箱中，室温发酵90分钟。

5　将面团分割成1000克一个，放在帆布上。

6　在面团表面均匀地撒上黑麦粉（配方用量外）。

7　把面团四周轻轻塞入面团内部中心位置。

8　将面团整成圆柱形。

9　放入450克的吐司模具中，用面刀蘸水抹平表面使其光滑。

10　在表面均匀地撒上黑麦粉（配方用量外）。

11　室温密封发酵60分钟，表面有明显裂纹时可开始烘烤。放入烤箱，上火250℃，下火250℃，入炉后喷蒸汽2秒，烘烤25分钟，使面团快速膨胀，将烤箱温度调整为上火200℃，下火250℃，再烘烤25分钟即可。

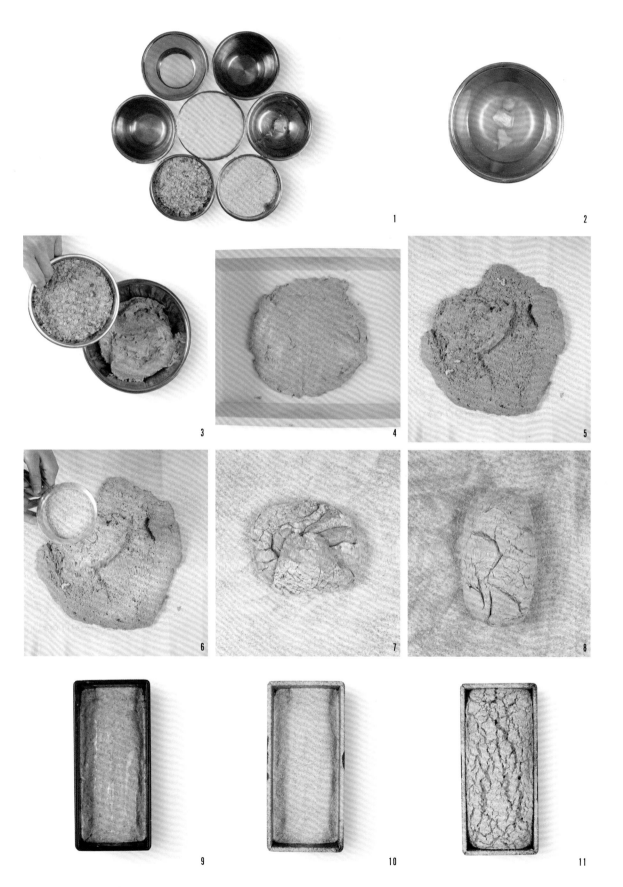

碱水面包

材料（可制作17个）

碱水

水　1000克

烘焙碱　30克

主面团

伯爵传统T65面粉　1000克

幼砂糖　50克

鲜酵母　10克

肯迪雅稀奶油　125克

水　500克

盐　20克

其他

海盐　适量

制作方法

1　将制作碱水的材料称放置备用。

2　把烘焙碱加入水中搅拌均匀，然后烧开放凉备用。

3　将制作主面团的材料称好放置备用。

4　把面粉、鲜酵母和稀奶油倒入面缸中。

5　把幼砂糖与水混合，搅拌至幼砂糖完全化开后倒入面缸中。

6　把面团慢速搅拌成团至没有干粉，面团成团后，加入盐。

7　加入盐后，先慢速搅拌至与面团融合，再转快速把面团搅拌至十成面筋，此时能拉出表面光滑的厚膜，孔洞边缘处光滑儿规则。

8　取出面团，分割成100克一个，滚圆，密封放在冷藏冰箱里松弛60分钟。

9　面团松弛好后，用擀面杖擀成长25厘米、宽8厘米的长条。

10 把面团翻面，将其中一条长边拉成直线，且压薄接口处。

11 把面团卷成橄榄形的长条。

12 把面团搓长，中间粗，两边细，最终长度约70厘米。

13 搓好的面团，光滑面朝上，两边面团往上折，在约1/3处交叉重叠。

14 在重叠处转一圈，把面包两端往下拉压在面团中心粗的部分上面。然后均匀摆放在烤盘上，密封放入冷冻冰箱冻硬。

15 面团冻硬后，拿出放入提前做好的碱水里浸泡50秒。

16 浸泡好的面团捞出，均匀摆放在烘焙油布上，放在22~26℃的环境下解冻40分钟。面团解冻后，用法棍割刀在面团顶部粗的地方割一刀，深度为面团的一半。

17 在刀口处撒上适量海盐，然后放入烤箱，上火240℃，下火170℃，烘烤约15分钟。出炉后，把面包转移到网架上冷却即可。

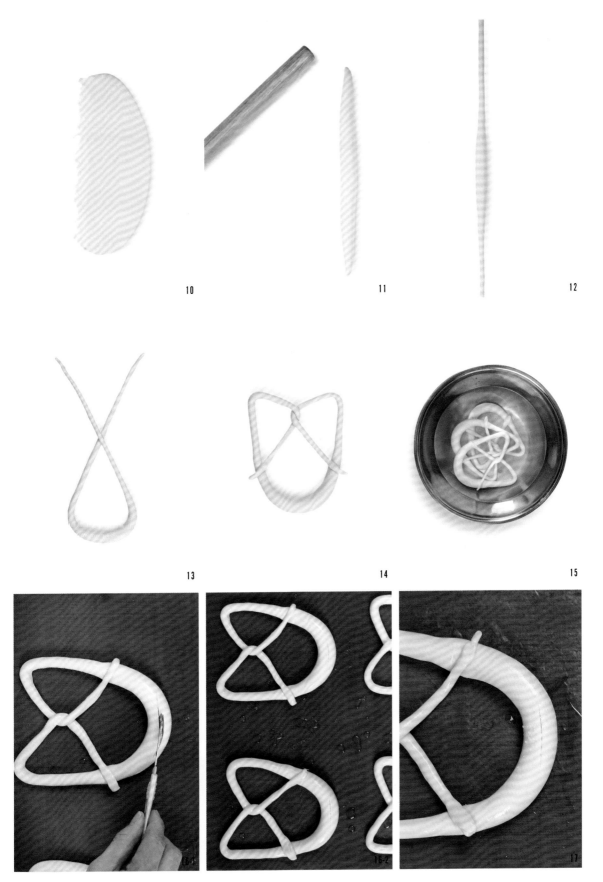

© 碱水面包

© 有机石磨T80面包

有机石磨T80面包

材料（可制作2个）

伯爵有机石磨T80全麦粉　1000克

鲁邦种　400克

水（A）750克

鲜酵母　5克

盐　25克

水（B）45克

制作方法

1 将所有材料称好放置备用。

2 将全麦粉和水（A）混合搅拌均匀，放入盆中冷藏水解60分钟。

3 将水解好的面团拿出放入面缸，加入鲁邦种和鲜酵母，搅拌均匀至面团无颗粒，加入盐。

4 待盐完全融入面团，分次慢慢加入水（B），搅拌均匀，然后转快速搅拌至面筋完全扩展阶段，此时面筋能拉开大片面筋膜且面筋膜薄，能清晰看到手指纹，无锯齿。

5 规整外形，在22～26℃的环境下发酵松弛60分钟。

6 将松弛好的面团翻面，继续在22～26℃的环境中发酵松弛60分钟。

7 将面团分割1000克一个，将分割好的面团向中间收拢。

8 用面刀将面团揉圆，切记不要揉太紧。

9 往藤篮里均匀地撒上全麦粉（配方用量外）。

10 然后将揉圆的面团接口朝上放入藤篮中，盖上保鲜膜，冷藏发酵一晚。

11 第二天将藤篮倒扣在烤焙油布上，取出面团。

12 在面团表面均匀地撒上全麦粉（配方用量外）。最后在面团四边均匀地割一刀，然后中间部分轻轻划十字刀口（把表皮划破就好）。放入烤箱，上火250℃，下火230℃，入炉后喷蒸汽2秒，烘烤约45分钟即可。

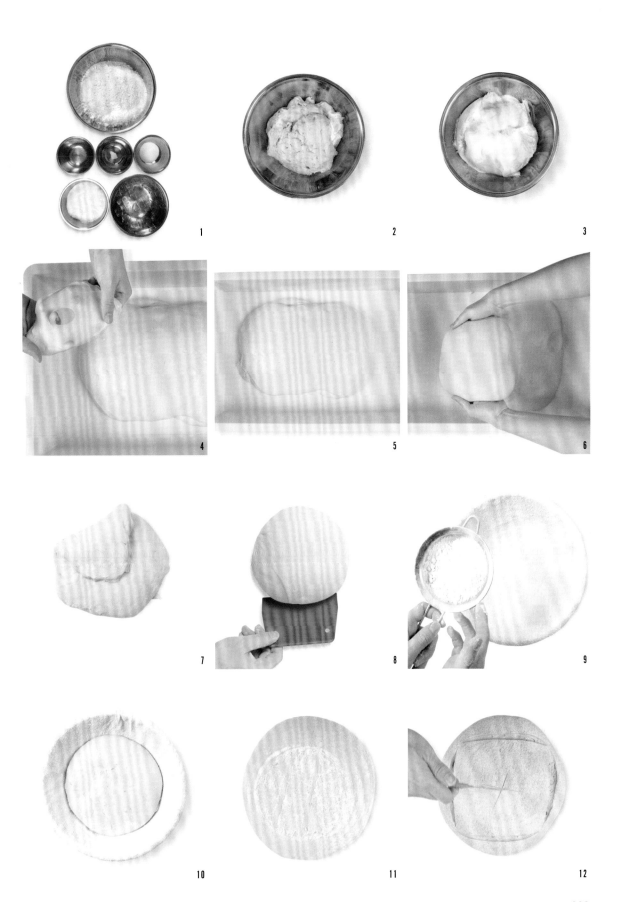

黑醋栗蓝莓芝士

材料（可制作6个）

酸面种
伯爵传统T170面粉　90克
伯爵传统T65面粉　60克
鲁邦种　150克

主面团
伯爵传统T65面粉　800克
伯爵传统T170面粉　200克
黑醋栗粉　15克
盐　20克
水（A）650克
鲜酵母　15克
酸面种（见左侧）300克
水（B）50
蓝莓　300克
核桃　200克
耐高温芝士丁　150克

制作方法

1 将制作酸面种的材料称好放置备用。

2 把T170面粉、T65面粉和鲁邦种放入面缸，慢速搅拌至成团没有干粉。

3 取出放在盆里，用保鲜膜密封，放到28℃的环境下发酵1小时后即可使用。

4 将制作主面团的材料称好放置备用。

5 把T65面粉、T170面粉、黑醋栗粉、水（A）和盐放入面缸，慢速搅拌至成团没有干粉，取出放在盆里，密封放在冷藏冰箱水解30分钟。

6 面团水解好后，加入300克酸面种和鲜酵母。先慢速搅拌均匀，然后边慢速搅拌边分次慢慢加入水（B）。

7 把面团搅拌至九成面筋，此时能拉出表面光滑的薄膜，孔洞边缘处光滑无锯齿，然后加入蓝莓、核桃和芝士丁，慢速搅拌均匀。

8 取出面团，表面整理光滑，放在烤盘上，放置在22~26℃的环境下基础发酵50分钟。

9 发酵50分钟后，把面团倒出进行翻面，从上下两边把面团提起各往中间折1/3。

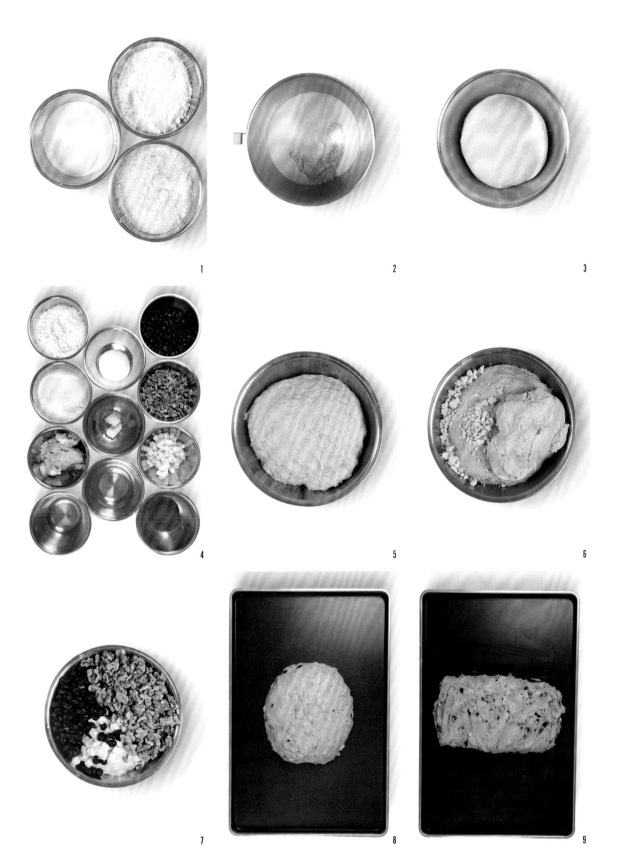

10 然后从左右两边提起再次把两边面团往中间折1/3。

11 翻面，使光滑面朝上，放在烤盘上，再次发酵50分钟。

12 面团基础发酵好后，在发酵布上撒一层T65面粉（配方用量外），把面团倒出来，分割成450克一个，预整形成圆形。放到烤盘上，密封放在22~26℃的环境下松弛30分钟。

13 面团松弛好后取出，先令光滑面朝上，把面团排气拍扁，然后翻面，使底部朝上。

14 把面团从一边提起往中间折1/3。

15 把面团从另一边提起也往中间折1/3。

16 最后从中间再次对折，压紧接口，做成长约18厘米的橄榄形。

17 整形好后，把面团光滑面朝上，放到发酵布上盖起来，放在22~26℃的环境下最终醒发60分钟。

18 面团醒发好后，用法棍转移板把面团转移到烘焙油布上，在表面筛一层T65面粉（配方用量外）。最后用法棍割刀在表面划出菱形刀口（把表皮划破就好）。放入烤箱，上火240℃，下火220℃，入炉后喷蒸汽2秒，烘烤约28分钟。出炉后，把面包转移到网架上冷却即可。

10

11

12

13

14

15

16

17

18

◎ 黑醋栗蓝莓芝士

◎ 洛神花玫瑰核桃

洛神花玫瑰核桃

材料（可制作6个）

伯爵传统T65面粉　1000克

盐　20克

水（A）　650克

鲜酵母　15克

酸面种（见P270）　200克

水（B）　100克

玫瑰花碎　300克

洛神花干　200克

核桃碎　150克

制作方法

1　将所有材料称好放置备用。玫瑰花碎和洛神花干需要提前用水煮开放凉备用。

2　把面粉、水（A）和盐放入面缸，慢速搅拌至成团没有干粉，取出放在盆里，密封放在冷藏冰箱水解30分钟。

3　面团水解好后，加入酸面种和鲜酵母。先慢速搅拌均匀，然后边慢速搅拌边分次慢慢加入水（B）。把面团搅拌至九成面筋，此时能拉出表面光滑的薄膜，孔洞边缘处光滑无锯齿。

4　加入玫瑰花碎、洛神花碎和核桃碎，慢速搅拌均匀。

5　取出面团，表面整理光滑，放在烤盘上，放置在22～26℃的环境下基础发酵50分钟。

6　发酵50分钟后，把面团取出进行翻面，从两边把面团提起各往中间折1/3。

7　然后从上下两边提起再次把两边面团往中间折1/3。

8　翻面，使光滑面朝上，放在烤盘上，再次发酵50分钟。面团基础发酵好后，在发酵布上撒一层面粉（配方用量外），把面团倒出来，分割成400克一个，预整形成圆形。放到烤盘上，密封放在22～26℃的环境下松弛30分钟。

9　面团松弛好后取出，先令光滑面朝上，把面团排气拍扁，然后翻面，使底部朝上。

10　把面团从边缘均匀分成3等份，把三个点提起到中间捏紧，做成一个等边三角形。整形好后，把面团光滑面朝上，放到发酵布上盖起来，放在22～26℃的环境下最终醒发60分钟。

11　面团醒发好后，把面团转移到烘焙油布上，在表面用模板筛一层面粉（配方用量外）作为装饰。

12　用法棍割刀在表面上划出树纹状的刀口（把表皮划破就好）。放入烤箱，上火240℃，下火220℃，入炉后喷蒸汽2秒，烘烤约26分钟。出炉后，把面包转移到网架上冷却即可。

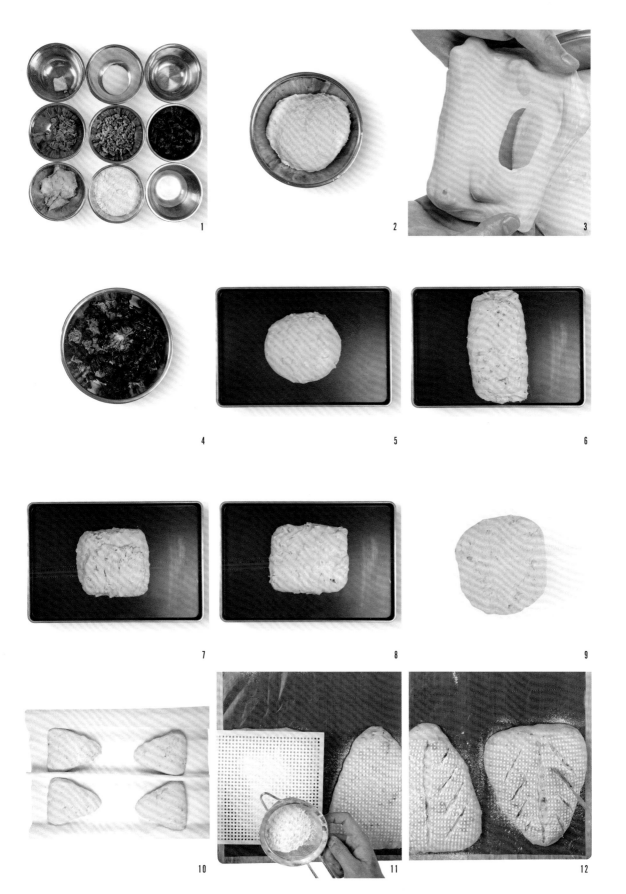

红酒坚果

材料（可制作7个）

红酒老面

伯爵传统T65面粉　320克

鲜酵母　10克

红酒　180克

主面团

伯爵传统T65面粉　1000克

红酒老面（见左侧）　500克

麦芽精　3克

鲜酵母　10克

红酒　660克

盐　21克

提子干　200克

无花果　200克

菠萝丁　120克

蔓越莓　120克

核桃　160克

橙皮丁　120克

制作方法

1 将制作红酒老面的材料称好放置备用。

2 鲜酵母与红酒混合搅拌均匀。

3 加入面粉，搅拌均匀至无干粉、无颗粒，放入盆中，放在22～26℃的环境下发酵2小时，冷藏隔夜使用。

4 将制作主面团的材料称好放置备用。

5 将面粉、面包粉、麦芽精和红酒混合，搅拌均匀至无干粉、无颗粒，放入盆中，冷藏水解30分钟。

6 将水解好的面团拿出，放入缸内，加入红酒老面和鲜酵母，搅拌均匀，转快速搅拌至形成面筋。

7 加入盐、提子干、无花果、菠萝丁、蔓越莓、核桃、橙皮丁，搅拌均匀。

8 将面团取出，放入烤盘中，放在22～26℃的环境下发酵松弛40分钟。

9 翻面，继续发酵松弛40分钟。

10 将面团分割成440克一个，预整形为圆形，放在22～26℃的环境下密封40分钟。

11 取出发酵好的面团，用手按压排气。

12 翻面，将右侧的面团向中间部分进行折叠按压。

13 再将左侧的面团向中间部分进行折叠按压。

14 最后再将面团对折按压成圆柱形。

15 整形好的面团放在发酵油布上，放在22～26℃的环境中密封发酵70分钟。

16 取出发酵好的面团放在烘焙油布上，表面均匀地撒上面粉（配方用量外）。

17 用割包刀划出菱形刀口（把表皮划破就好）。放入烤箱，上火250℃，下火220℃，入炉后喷蒸汽2秒，烘烤约25分钟。出炉后，把面包转移到网架上冷却即可。

9

10

11

12

13

14

15

16

17

红酒坚果

© 传统果干

传统果干

材料（可制作5个）

伯爵有机石磨T80硬种

伯爵有机石磨T80面粉　150克

鲁邦种　250克

主面团

伯爵传统T65面粉　700克

伯爵传统T170面粉　150克

王后特制全麦粉（粗）　200克

盐　20克

水　700克

鲜酵母　15克

伯爵有机石磨T80硬种（见左侧）　400克

无花果　200克

夏威夷果仁　200克

杏仁　150克

制作方法

1　将制作伯爵有机石磨T80硬种的材料称好放置备用。

2　把面粉和鲁邦种放入面缸，慢速搅拌至成团没有干粉。

3　取出放在盆里，用保鲜膜密封，放到28℃的环境下发酵1小时后即可使用。

4　将制作主面团的材料好放置备用。

5　把T65面粉、T170面粉、全麦粉、水、盐放入面缸，慢速搅拌至成团没有干粉，取出放在盆里，密封放在冷藏冰箱水解30分钟。

6　面团水解好后，加入伯爵有机石磨T80硬种和鲜酵母，先慢速把面团搅拌至几成面筋，此时能拉出表面光滑的薄膜，孔洞边缘处光滑无锯齿。

7　加入杏仁、无花果和夏威夷果仁，慢速搅拌均匀。取出面团，表面整理光滑，放在烤盘上，放置在22~26℃的环境下基础发酵50分钟。把面团倒出进行翻面，从上下两边把面团提起各往中间折1/3。然后从左右两边把面团提起再次把面团往中间折1/3。翻面，令光滑面朝上，放回发酵盒里，再次发酵50分钟。（详见P270~273步骤8~步骤11图示）

8　面团基础发酵好后，在发酵布上撒一层T65面粉，把面团倒出来，分割成500克一个，预整形成长条形，放到发酵布上盖起来，放在22~26℃的环境下松弛30分钟。

9　面团松弛好后取出，先令光滑面朝上，把面团排气拍扁，翻面，使底部朝上。

10　把面团从一边提起往中间折1/3。

11　把面团从另一边提起再往中间折1/3，最终长度约为20厘米。

12　把面团放到发酵布上盖起来，放在22~26℃的环境下最终醒发60分钟。

13　面团醒发好后，用法棍转移板把面团转移到烘焙油布上，接着在表面筛一层T65面粉（配方用量外）。最后用法棍割刀在表面上交错划出间隔均匀的菱形刀口（把表皮划破就好）。放入烤箱，上火240℃，下火220℃，入炉后喷蒸汽2秒，烘烤约30分钟。出炉后，把面包转移到网架上冷却即可。

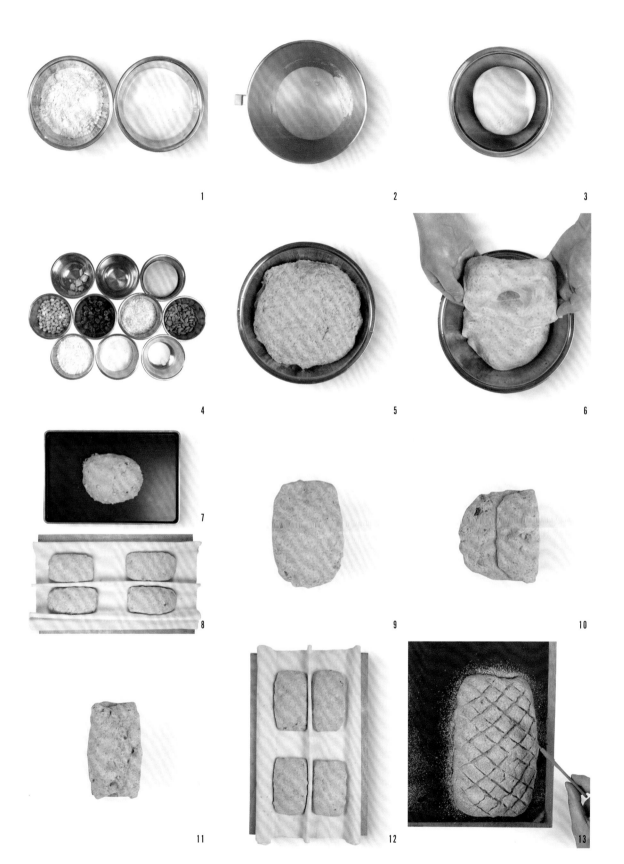

全麦面包

材料（可制作4个）

王后特制全麦粉　1000克

盐　20克

蜂蜜　20克

鲜酵母　20克

鲁邦种　500克

水　700克

麦芽精　10克

制作方法

1 将所有材料称好放置备用。

2 将全麦粉、蜂蜜、鲜酵母、水和麦芽精混合，慢速搅拌均匀至无干粉、无颗粒，放入盆中冷藏水解30分钟。

3 加入鲁邦种和盐，慢速搅拌均匀。待盐完全融入面团，转快速搅拌至面筋扩展阶段，此时面筋具有弹性及良好的延展性，并能拉出较好的面筋膜，面筋膜表面光滑较厚、不透明，有锯齿。

4 取出面团，将面团规整成椭圆形，放在22~26℃的环境下发酵40分钟；翻面，继续发酵40分钟。分割成550克一个，揉圆，继续放置在22~26℃的环境下发酵40分钟。

5 取出发酵好的面团放置备用。面团表面蘸少许全麦粉（配方用量外），用擀面杖擀成长35厘米、宽12厘米的长条形，翻面备用。

6 将面团顶部往下折1/3。

7 再将面团底部往上折1/3。

8 将面团旋转90°，左右对折，底部收口成椭圆形。

9 把整形好的面团放入250克的长方形吐司模具中，并放入醒发箱（温度30℃，湿度80%）醒发约90分钟。醒发好后转入烤箱，上火240℃，下火250℃，入炉后喷蒸汽2秒，烘烤约45分钟。出炉后，把面包转移到网架上冷却即可。

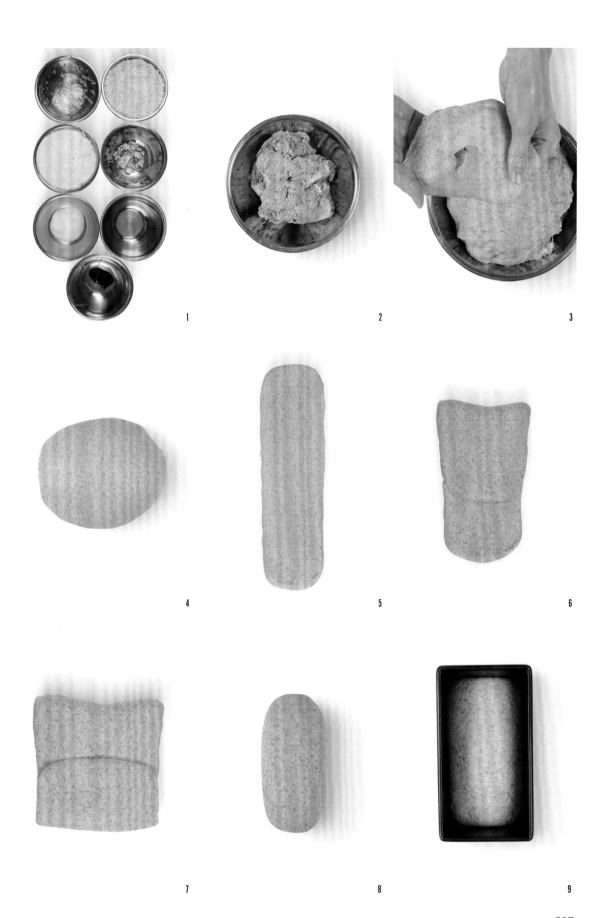

◎ 全麦面包

装饰面包
和节日面包

皇冠

材料（可制作2个）

主面团

伯爵传统T65面粉　900克

伯爵传统T170面粉　100克

麦芽精　5克

水（A）620克

鲜酵母　5克

水（B）30克

盐　20克

其他

黑芝麻　适量

橄榄油　少许

制作方法

1　将制作主面团的材料称好放置备用。

2　把T65面粉、T170面粉、麦芽精、水（A）和鲜酵母混合，慢速搅拌至成团没有干粉。加入盐，先慢速搅拌至完全融合，然后边慢速搅拌边分次加入水（B）。

3　把面团搅拌至九成面筋，此时能拉出表面光滑的薄膜，孔洞边缘处光滑无锯齿。

4　取出面团，表面整理光滑，放在发酵盒里，放置在22~26℃的环境下基础发酵60分钟。面团基础发酵好后，把面团倒出，分割成2个200克的面团（装饰皮）和16个80克的小面团。分别预整形成圆形，密封放在22~26℃的环境下松弛30分钟。

5　面团松弛好后，把200克的装饰皮面团取出，用擀面杖擀薄成厚度约1毫米的面皮。然后放在烤盘上，放入冷冻冰库冷冻20分钟。表面皮冻硬后取出，按照面包模板的形状用美工刀刻出形状。

6　刻好形状后，表面喷水，然后粘一层黑芝麻。

7　粘完黑芝麻的装饰皮，把光滑面朝上，放到烘焙油布上，然后装饰皮边缘处用毛刷刷上少许橄榄油。

8　把八个小面团取出排气后，再次滚圆。把小面团底部朝上，在装饰皮的边缘围一圈。

9　然后用美工刀在中心处切成八等份。

10　把中心切断的装饰皮分别提起，粘在小面团上，使中间形成空洞，然后放在22~26℃的环境下最终醒发50分钟。

11　面团醒发好后，先在面团表面盖一张烘焙油布，再用木板把面团倒扣过来，表面朝上，最终用模具在表面筛一层T65面粉（配方用量外）装饰。

12　放入烤箱，上火240℃，下火220℃，入炉后喷蒸汽2秒，烘烤约25分钟。出炉后，把面包转移到网架上冷却即可。

斗转星移

材料（可制作3个）

主面团
伯爵传统T65面粉　900克
伯爵传统T170黑麦粉　100克
麦芽精　5克
水（A）　620克
鲜酵母　5克
水（B）　30克
盐　20克

其他
橄榄油　少许

制作方法

1 将所有材料称好放置备用。

2 把T65面粉、T170黑麦粉、麦芽精、水（A）和鲜酵母混合，慢速搅拌至成团没有干粉。加入盐，先慢速搅拌至完全融合，然后边慢速搅拌边分次慢慢加入水（B）。

3 把面团搅拌至九成面筋，此时能拉出表面光滑的薄膜，孔洞边缘处光滑无锯齿。

4 取出面团，表面整理光滑，放在发酵盒里，放置在22~26℃的环境下基础发酵60分钟。面团基础发酵好后，把面团倒出来，分割成3个260克的面团（装饰皮）和15个60克的小面团。分别预整形成圆形，密封放在22~26℃的环境下松弛30分钟。

5 面团松弛好后，把260克的装饰皮面团取出，用擀面杖擀薄成厚度约1毫米的面皮。然后放在烤盘上，放入冷冻冰箱冻20分钟。装饰皮变硬后取出，借助面包模板用其上方刻出形状。

6 刻好后把光滑面朝下，放到烘焙油布上，装饰皮边缘处用毛刷刷上少许橄榄油。

7 把五个小面团取出，排气拍扁，翻面，使底部朝上，把小面团从一侧往中间折1/3。

8 然后从侧边把小面团再次往中间折1/3。

9 把小面团再次对折，最终做成水滴状。

10 把小面团底部朝上，均匀摆放在装饰皮上，然后放在22~26℃的环境下最终醒发50分钟。

11 面团醒发好后，先在面团表面盖一张烘焙油布，再用木板把面团倒扣过来，使表面朝上，用模具在表面筛一层面粉（配方用量外）装饰。放入烤箱，上火240℃，下火220℃，入炉后喷蒸汽2秒，烘烤约25分钟。出炉后，把面包转移到网架上冷却即可。

潘娜托尼

材料（可制作4个）

杏仁酱
杏仁粉　300克

糖粉　240克

蛋清　250克

玉米淀粉　20克

种面
鲁邦种　300克

伯爵传统T45面粉　800克

幼砂糖　250克

蛋黄　320克

水　250克

肯迪雅乳酸发酵黄油　320克

主面团
伯爵传统T45面粉　350克

蛋黄　120克

鲜酵母　10克

幼砂糖　100克

蜂蜜　30克

盐　25克

香草荚　1根

肯迪雅乳酸发酵黄油　200克

柠檬丁　300克

橙皮丁　300克

提子干　300克

橙汁（泡提子干）　100克

其他
烘焙装饰糖粒　适量

制作方法

1 将制作杏仁酱的材料称好放置备用。

2 使用蛋抽先把蛋清搅拌至发泡，然后加入糖粉和玉米淀粉，搅拌均匀。

3 加入杏仁粉，搅拌均匀。

4 拌匀至顺滑状，装入裱花袋备用。

5 将制作种面的材料称好放置备用。

6 把幼砂糖和水混合，用蛋抽搅拌均匀。

7 加入面粉、鲁邦种和蛋黄。

8 先慢速搅拌至成团，再转快速把面团打至七成面筋，此时能拉出表面粗糙的厚膜，孔洞边缘处带有稍小的锯齿。

9 加入室温软化至膏状的黄油。

10 先慢速搅拌至黄油与面团融合，再转快速把面团搅拌至十成面筋，此时能拉出表面光滑的薄膜，孔洞边缘处光滑无锯齿。

11 取出面团，把表面收整光滑成球形。面团温度控制在22℃~26℃，然后把面团密封，放置在26~28℃的环境下发酵16个小时。

12 将制作主面团的材料称好放置备用。

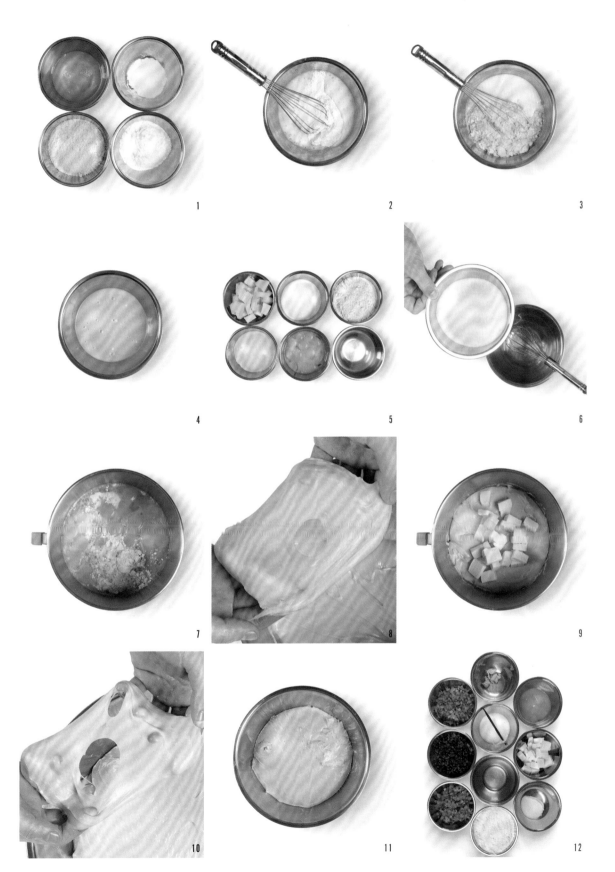

13 把面粉、蛋黄、鲜酵母、香草荚、盐和幼砂糖与发酵好的种面混合。

14 慢速搅拌至七成面筋，此时能拉出表面粗糙的厚膜，孔洞边缘处带有稍小的锯齿。

15 加入室温软化至膏状的黄油。

16 先慢速搅拌至黄油与面团融合，再转快速把面团搅拌至九成面筋，此时能拉出表面光滑的薄膜，孔洞边缘处光滑无锯齿。

17 加入橙皮丁、提子干和柠檬丁，慢速搅拌均匀。

18 取出面团，把表面收整光滑。面团温度控制在22℃～26℃，然后把面团放入醒发箱（温度30℃，湿度80%）基础发酵1小时。

19 发酵好后取出，分割成1000克一个，滚圆，放置在22℃～26℃的环境下松弛10分钟。

20 面团松弛好后，再次排气滚圆，然后表面朝上，放入6寸的圆形潘娜托尼模具中。放入醒发箱（温度30℃，湿度80%）最终醒发8～9小时，醒发好后，约到吐司模具九分满。

21 面团发酵好，表面用裱花袋挤上一层薄薄的杏仁酱。

22 在表面撒上适量的烘焙装饰糖粒。

23 在表面筛上一层糖粉（配方用量外），连同烤盘一起放入烤箱，上火180℃，下火190℃，先烘烤30分钟，然后把烤盘转一个方向，再烤15～20分钟（可用竹扦插入面团中心处，只要面团不粘在竹扦上，即代表已烘焙熟透）。

24 出炉后，用两根铁扦从面包底部穿过，然后把面包放到车架上倒扣放置约2小时，降温凉却后再把面包正面朝上放好（倒扣放凉，可防止面包出炉后回缩）。

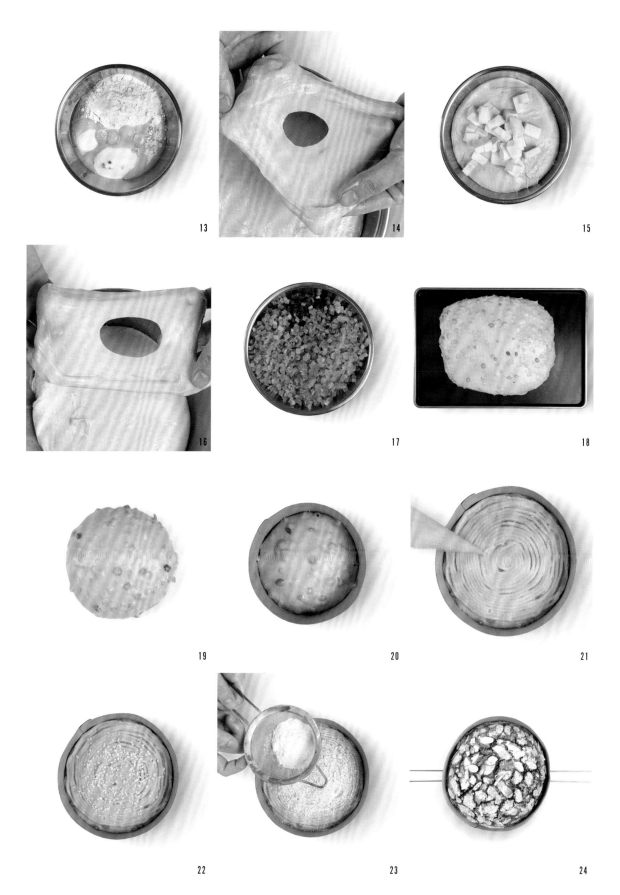

CLUIZEL
· PARIS ·
柯氏

单一
巧·克·力
庄园

Champion
du monde
致敬中国烘焙世界冠军

冠军法式粉 源于传统法式, 成于日法完美融合, 打造吸水、操作、麦香和口感的理想平衡点。
冠军全麦粉 美国定制, 细麸整粒研磨, 提升了全麦面包的操作性、色泽、麦香、口感和营养健康。
冠军吐司粉 日本定制, 严选高含量HVK小麦, 重塑了主食吐司的麦香、弹滑、回甘、色泽、断口性和化口性。

PROFESSIONAL
French
PREMIUM QUALITY DAIRY
EST. 1971

肯迪雅
酥皮黄油片

起酥应用及美味出品的理想之选

✓ 延展性极佳
✓ 熔点高、易操作
✓ 起酥效果好

真正的创新工艺
真正的法国制造

 **KINGDOM**

门店升级设备找金城

中国商用制冷设备和烘焙设备制造商

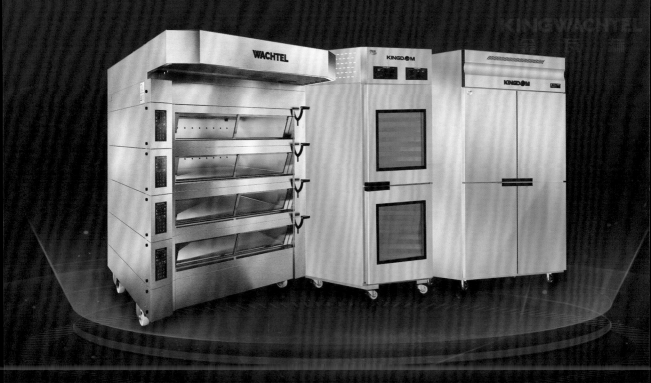

展示柜 · 商用冷柜 · 组合式冷库 · 烤炉 · 高端定制

160000平方米	500+	500+	180+
生产基地	国家专利	精细工艺	售后网点